学/者/文/库/系/列

高光谱遥感影像智能分类

蒲生亮　　王亚林　著

U0285392

哈尔滨工程大学出版社

Harbin Engineering University Press

内 容 简 介

本书总结了作者近年来基于人工智能深度学习模型的高光谱遥感影像智能分类方向的最新研究成果，从深度学习领域最具代表性的卷积神经网络、图卷积网络出发，对高光谱影像分类的理论发展和最新动态以及该领域存在的若干关键问题、研究难点及新方法等进行了论述。

本书可供从事高光谱遥感应用和研究领域及相关专业的高校教师、研究生、科研工作者学习参考。

图书在版编目（CIP）数据

高光谱遥感影像智能分类/蒲生亮，王亚林著. —
哈尔滨：哈尔滨工程大学出版社，2024.3
ISBN 978-7-5661-4293-1

Ⅰ. ①高… Ⅱ. ①蒲… ②王… Ⅲ. ①遥感图像-图像处理 Ⅳ. ①TP751

中国国家版本馆 CIP 数据核字（2024）第 053065 号

高光谱遥感影像智能分类
GAOGUANGPU YAOGAN YINGXIANG ZHINENG FENLEI

选题策划 刘凯元
责任编辑 姜　珊
封面设计 李海波

出版发行 哈尔滨工程大学出版社
社　　址 哈尔滨市南岗区南通大街 145 号
邮政编码 150001
发行电话 0451-82519328
传　　真 0451-82519699
经　　销 新华书店
印　　刷 哈尔滨午阳印刷有限公司
开　　本 787 mm×1 092 mm　1/16
印　　张 11.25
字　　数 314 千字
版　　次 2024 年 3 月第 1 版
印　　次 2024 年 3 月第 1 次印刷
书　　号 ISBN 978-7-5661-4293-1
定　　价 68.00 元

http://www.hrbeupress.com
E-mail：heupress@ hrbeu.edu.cn

第一作者简介

蒲生亮,男,1986 年生,甘肃酒泉人,现为东华理工大学讲师,工学博士,硕士研究生导师,主要研究方向为高光谱遥感影像处理与分析。2009 年获武汉大学工学学士学位(测绘工程专业);2013 年获内蒙古大学软件工程硕士学位(软件工程专业),师从侯宏旭教授;2019 年获武汉大学工学博士学位(摄影测量与遥感专业),师从邓非教授;2020—2022 年在中国科学院空天信息创新研究院从事博士后研究(地理学学科),师从高连如研究员。2019 年和 2021 年获评国际期刊 IEEE JSTARS 最佳审稿人。美国光学基金会 2022 年女性学者和 2023 年暑期学校项目评审人。IEEE、AAAS、AAIA、SPIE、OSA 和中国地质学会、中国土地学会、中国地球物理学会、中国光学学会、中国电子学会、中国地理学会、中国运筹学会、中国图象图形学会等国际国内学术组织会员。迄今发表学术论文 16 篇,申请国家专利 6 项,登记软件著作权 5 项。主持各类科研项目 3 项,参与相关科研项目 13 项。

前　　言

随着科技的飞速发展,人工智能(artificial intelligence,AI)技术的应用正加速普及。根据摩尔定律,未来机器智能预计在 2025 年达到人脑的水平,并有希望在 2050 年超过所有人类的智力水平。随着机器学习(machine learning,ML)的数据处理与分析能力的不断提高和时空遥感大数据时代的到来,深度学习(deep learning,DL)有关的研究必将呈指数式增长,相应高光谱影像分类(hyperspectral image classification,HSIC)算法的精度和能力也必将会越来越高,特别是面向海量训练样本的超大规模分类模型开发,例如 WHU-OHS 高光谱影像分类基准数据集的出现,远远超出小数据集上的算法创新。深度学习技术作为人工智能领域具有代表性的先进技术,在高光谱遥感(hyperspectral remote sensing,HRS)领域,特别是高光谱遥感影像智能分类技术领域,还处于不断深入探索和日趋广泛应用的阶段,数十年来成为科学界研究的热门方向。

本书重点研究了如何应用深度学习技术实现高光谱影像场景中地物信息的提取和像元类别的划分。一方面,本书对卷积神经网络理论与技术进行研究,首先改进现有的胶囊神经网络,使其可以应用于高光谱遥感影像的空谱特征提取;其次,将深度残差网络和密集连接网络进行研究与改进,实现监督的高光谱影像分类;最后,借助神经架构搜索技术实现深度卷积网络分类模型的自动构建和生成,完成高光谱影像数据分类实验。另一方面,本书对图神经网络理论与技术进行研究,首先基于谱域图卷积滤波方法,实现局部图卷积滤波高光谱影像分类;其次,引入图形处理单元(graphics processing unit,GPU)加速的 t 分布随机相邻嵌入(t-distributed stochastic neighbor embedding,t-SNE)流形特征学习,增强训练样本在特征空间的可分离性,进而提高图神经网络模型的分类性能,最终取得可靠的分类结果。全书共分 8 章。

第 1 章为高光谱影像分类概述。首先,介绍了高光谱影像及其应用、高光谱影像分类和特征表达,以及高光谱影像分类的研究背景、研究目的与研究意义;其次,对高光谱影像分类的国内外相关文献资料进行系统全面的调研归纳;最后,简要地论述了本书主要的研究工作与科学上的贡献。

第 2 章为高光谱影像智能分类技术。首先,介绍高光谱影像分类相关的研究进展和趋势、存在的问题;其次,综述本书涉及的深度学习有关的基础理论与方法;再次,围绕高光谱影像分类任务展开介绍,主要包括高光谱影像特征提取基础、深度学习遥感影像分类流程、最新的高光谱影像分类算法,尤其是深度学习方法实现高光谱影像分类等有关的最新研究进展和动态;最后,对本书研究使用到的高光谱数据集和精度评估指标进行详细说明。

第3章为深度神经网络模型。首先,综述了深度学习方法在高光谱影像分类领域的最新研究进展;其次,重点论述了卷积神经网络的技术原理、模块设计基础和经验设计范式;最后,就新近提出的系列主流神经网络体系架构进行了概要梳理,并就当前和未来一段时间内的研究发展趋势和问题挑战进行了总结,为本书后面的研究工作做好铺垫。

第4章为卷积与胶囊组合网络分类模型。首先,综述了胶囊神经网络的最新研究进展;其次,论述了胶囊神经网络的模型原理与基础理论;再次,重点详述了本书提出的平行网络框架设计范式,从网络结构设计、参数学习和采样策略三个方面进行了重点阐述;最后,从多个角度对实验结果进行分析和讨论,比如分类结果图、分类精度、最大概率图(归一化热力图)、预测概率密度(不确定性)、参数的确定、训练尺寸和时间开销等方面。实验结果表明,复杂神经网络除了增加计算开销外,还可以有效地提高深度学习分类模型精度。

第5章为结构化残差网络分类模型。首先,综述了监督的深度残差网络和密集连接网络模型的最新研究进展;其次,详细论述了深度残差网络和密集连接神经网络的模型原理与理论基础;再次,重点详述了本书提出的残差网络结构特点、网络架构设计原理和参数学习过程,考虑了普通卷积网络、残差卷积网络和密集卷积网络之间的差异性、可比性;最后,通过数据实验分析了三种残差深度神经网络模型在真实的高光谱影像数据分类任务中的特性。

第6章为快速神经架构搜索分类模型。首先,综述了神经架构搜索(neural architecture search,NAS)网络及相关理论的研究趋势和创新成果;其次,详述了模型构建、模型搜索、模型选择、模型生成、参数优化和元学习等自动化深度模型构建技术,详解神经架构搜索的技术原理和理论基础;再次,通过持续的优化,提出了一种快速的神经架构搜索技术,并将该技术应用于高光谱影像数据分类任务中;最后,采用真实的高光谱数据集和具体的实验分析,说明了神经架构搜索能加大深度神经网络模型构建和生成的自动化水平,也进一步提高了高光谱影像分类的智能化水平,同时保证了较优的分类性能和精度。

第7章为结合局部谱域滤波与图卷积网络分类方法。首先,进行主成分分析(principal component analysis,PCA)预处理,建立具有无监督特征降维的局部高光谱数据立方体;其次,将特征立方体和局部邻接矩阵组合,以标准的监督学习范式,输入图卷积网络(graph convolutional network,GCN);最后,利用谱图卷积滤波方法精化局部图结构,有效地利用空谱特征信息,成功地解译了不同类型的地表覆盖。通过数据降维的实验表明,增加额外的数据降维或有效的特征学习可以明显地提高高光谱影像分类器训练的效率、提升图深度学习(graph-based deep learning,GDL)模型的最终分类精度。采用局部谱图卷积滤波方法,在图深度学习模型训练的过程中,可以优化参考高光谱立方体而构建的邻接矩阵,使得图卷积网络对于高光谱图块数据具有良好的适用性。采用标准的监督学习相较于能利用少量有标签样本和大量无标签样本的半监督学习有所退化,未来如果能够结合全图邻接矩阵,那么这对于全局图结构信息挖掘仍有一定的可参考性。

第8章为集成 t-SNE 流形学习与图注意力分类方法。首先,采用 t-SNE 降维生成图块式的高光谱数据立方体;其次,利用高光谱图块信息构建等尺寸的局部邻接矩阵,采用浅层的图注意力网络(graph attention network,GAT)进行模型训练与样本标签预测;最后,通过减少光谱信息的冗余度和增强局部空间-光谱信息的表达,通过相关实验获得了更可靠的分类结果,并提高了地表覆盖制图的精度。真实高光谱数据集上的实验表明,上述基于图的深度学习方法与其他传统的机器学习和深度学习方法相比,具有较好的分类性能,能取得可靠的分类结果,同时也证明了联合空谱特征学习、增强特征可分离性对于高光谱影像分类的重要性。

本书对 HSIC 的方法学进行了系统的总结概述,不仅归纳了 HSIC 传统机器学习算法存在的主要挑战,也深入分析了深度学习在解决这些问题时的优势。特别是,将最先进的深度学习框架划分为光谱特征、空间特征、空间光谱联合特征三个方面,系统分析了 DL 框架在 HSIC 领域的最新研究成果和发展趋势,以及未来有前景的研究方向。

本书体现了著者与所在学院国土资源与遥感系高光谱科研团队(课题组)在高光谱影像分类领域近年来研究工作成果的积累。在此,真诚地感谢哈尔滨工程大学出版社编辑部刘凯元、王雨石编辑在书稿撰写过程中给予的真诚建议和帮助。此外,还需要特别感谢王济楠、宋逸宁、陈英瑶、李亚婷、陈永泉、曾浩、俞红梅、廖可欣、余松林、梁婉青、朗玉苗、徐志远、刘云锋等同学在书稿整理阶段的辛苦付出。

本书的出版得到了自然资源部环鄱阳湖区域矿山环境监测与治理重点实验室开放基金(EMI-2021-2022-26)、东华理工大学科研基金(DHBK2019192)的资助,以及东华理工大学测绘与空间信息工程学院的指导和资助,特此鸣谢。

作 者
2023 年 5 月于南昌

目　　录

第1章　高光谱影像分类概述

1.1　本章概述

　　高光谱遥感(hyperspectral remote sensing,HRS)是将成像技术和光谱技术结合的多维信息获取技术,可探测地表的二维几何空间信息与一维光谱信息,获取高光谱分辨率的连续、窄波段(数个纳米)的遥感影像数据。高光谱遥感技术兴起于 20 世纪 80 年代,是光学遥感技术的一次革命性进步。其能使原本在多光谱遥感(multispectral remote sensing,MRS)中无法有效探测的地物,在高光谱遥感中得以探测并精细刻画地表景观结构,甚至可以通过定量反演得到地表覆盖的理化特性。高光谱遥感技术的这种特质使得其在矿产勘探、环境监测、精准农林和国防军事等领域产生了重要的应用价值,同时也给遥感影像信息提取技术的发展带来了新的挑战和机遇。

　　高光谱成像(hyperspectral imaging,HSI)关注的是,如何基于成像传感器在与感兴趣的物体没有实质性接触的情况下,实现在短距离或长距离获得的辐射,并提取有意义的信息,狭义上通常是指宏观上对地成像,广义上也包含室内外对目标成像、微观粒子成像。如图1-1 所示,高光谱遥感对地观测数据的光谱分辨率最高可达 $10^{-3}\lambda$ 数量级,在可见光到短波红外波段范围内光谱分辨率可达纳米(nm)级,光谱波段数多达数十、成百甚至上千个,各光谱波段间通常连续,与此同时对成像设备精度也有着极高的要求。也即,HSI 通过在成百上千个狭窄和连续的光谱带中采样覆盖 0.4~2.4 μm 宽范围区域的电磁频谱的反射部分,并提供丰富的地物波谱信息。因此高光谱遥感在地学领域通常又被称为成像光谱遥感,还可以广泛应用于医学成像。此外,现代高光谱遥感还可以探索其他波谱范围内物体的(光)发射特性,比如中长红外区域范围,并不局限于特定的波谱范围。

　　高光谱遥感正是利用这样窄而连续的光谱波段对地或对目标遥感成像的技术,或是具有较高光谱分辨率的遥感影像数据的获取、处理、分析和应用的技术。HSI 已被应用于多个现实世界任务,包括但不限于大气、环境、城市、农业、地质和矿产勘探、沿海地区、海洋、林业(即跟踪森林健康)、水质和表面污染、内陆水域和湿地、冰雪、生物、医疗环境和食品加工,有时也被应用于军事领域,如伪装、隐身工程,地雷探测以及沿海滨海地区测绘。此外,HSI 已广泛应用于空间、空中和水下航行器,以获取广泛用途的详细光谱信息。

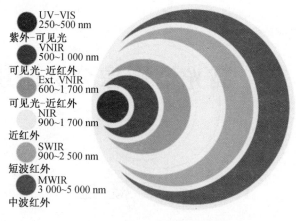

UV-VIS
250~500 nm
紫外-可见光

VNIR
500~1 000 nm
可见光-近红外

Ext. VNIR
600~1 700 nm
可见光-近红外

NIR
900~1 700 nm
近红外

SWIR
900~2 500 nm
短波红外

MWIR
3 000~5 000 nm
中波红外

图1-1 波谱范围

近几十年,随着计算机技术的飞速发展,高光谱遥感技术得到了迅猛发展,同时高光谱影像信息提取技术也在不断取得新的突破。高光谱影像信息提取技术的研究方向主要包括数据去噪、特征降维(波段选择)、混合像元分解、影像分类和目标探测等。考虑到本书主要关注高光谱影像分类,本章重点介绍了高光谱影像的固有特点,梳理了高光谱影像特征表达的研究现状,在回顾相关经典理论和模型方法的基础上,针对性地分析了高光谱影像分类领域存在的若干关键问题,总结了近年来提出的高光谱影像分类新理论、新方法,特别是深度学习和几何深度学习方法。

1.2　高光谱影像及其应用

高光谱数据具有"影像立方体"的形式和结构,体现出"图谱合一"的特点和优势。高光谱影像中的每个像元记录着瞬时视场角内几十甚至成百上千个连续波段的光谱信息,就对地观测而言,其光谱分辨率为 400~2 500 nm 波长,且一般小于 10 nm(可根据切口尺寸调换配置)。将这些光谱信息(通常为反射率)作为波长的函数可以绘制一条完整而连续的光谱曲线,反映出能够区分不同物质的诊断性光谱特征,使本来在宽波段多光谱遥感影像中不可探测的地物在高光谱遥感影像中能够被探测,甚至可以探测极小目标和亚像元的对象。高光谱影像包含丰富的空间信息和光谱信息,针对全色或多光谱遥感影像的信息提取方法不完全适合高光谱影像的处理,因此,需要根据高光谱遥感的机理和遥感影像的特点,发展新的信息提取模型与方法。高光谱影像的特点是"图谱合一",即同时记录了地物的纹理信息和光谱信息。纹理信息包括地物的形状、大小、结构及与周边地物的关系等;光谱信息指的是地物对不同波长(或频率)电磁辐射的反射率或在不同波长(或频率)上的辐亮度(辐照度或数字灰度值)。

高光谱影像具有"图谱合一"的特点,其获取的数据可构成一个三维数组,或称为影像立方体。一个 M 行、N 列、L 波段的高光谱影像立方体第 i 行、第 j 列的像元 $r(i,j)$ 是一个包

含 L 个分量的光谱向量，$r(i,j,k)$ 为第 i 行、第 j 列的像元在第 k 个波段的反射率(或辐亮度)，则 $r(i,j)=[r(i,j,1),r(i,j,2),\cdots,r(i,j,L)]^{\mathrm{T}}$。由于高光谱影像各个波段的电磁波长是由成像光谱仪确定的，故对于每个像元 $r(i,j)$，可将其各个波段的数值与波长对应，得到一个二维坐标系中的散点图。若影像的波长间隔足够小、波段数量足够多，则可将散点连接，得到一个近似连续的曲线图，称为像元 $r(i,j)$ 的光谱曲线，如图 1-2 所示。若不考虑波长的物理意义，仅将 $r(i,j)$ 视为一个 L 维向量，则其可对应 L 维空间 $\mathbb{R}^L$ 中的一个点，进而整个高光谱影像将对应 L 维空间 $\mathbb{R}^L$ 中的一个数据云，因此 $\mathbb{R}^L$ 称为高光谱影像的特征空间。

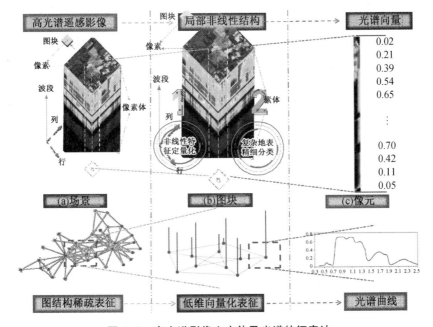

图 1-2 高光谱影像立方体及光谱特征表达

如图 1-3 所示，高光谱遥感技术广泛应用于军事、农业、资源环境和城市建设等领域，例如军事目标的发现与识别、农作物长势和病虫害分析、黑臭水体水质检测、矿产区域矿物填图、城市地物精细分类和地表覆盖变化检测等，为国防和经济建设提供了大量基础数据和重要决策依据。此外，高光谱遥感技术的典型应用具体还包括土地利用制图、土地覆盖制图、城市化变迁分析、目标检测、精准农业、环境监测、气象预测、水资源管理、林业生态监测、森林资源清查、地质资源勘探、现代化军事和城市监测等。

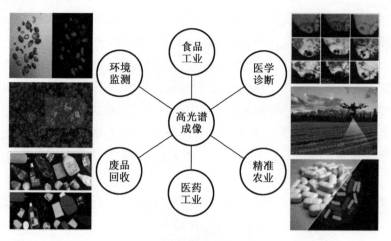

图 1-3　高光谱遥感技术的应用

1.3　高光谱影像分类

HSI 在地表场景光谱的精确测量、定量分析和精细解译中起着重要作用。高光谱影像通常由数十上百个连续的窄波谱带组成,蕴含丰富的空间纹理和光谱信息,为许多复杂场景的遥感应用提供有价值的信息。HSI 具有"图谱合一"的特性,每一个波段都可视作二维的灰度影像或空间矩阵。因此,高光谱影像数据可以被看作二维的影像空间维度上又增加了光谱信息维度,从而构成三维的影像立方体。正是因为高光谱影像数据中包含了大量的光谱波段,高光谱影像才具有丰富的地物波谱信息,为地表覆盖的精细识别和分类解译创造了可能性。值得说明的是,成像光谱获得的光学遥感影像数据,当维数较少时,若训练样本大小相对于特征空间维数较大,则理应可以通过估计得到较准确的参数值,而后随着光谱数据波段数目的持续增加,可能会出现分类精度"先增后降"的峰值现象,也称为 Hughes 现象(或休斯现象)。

高光谱影像克服了数码真彩色图像、全色和多光谱遥感影像波段少及低光谱分辨率的局限性,具有较高的波谱分辨率,使高光谱遥感影像中每个像元都具有精细的光谱曲线和完备的波谱信息,为高维数据分析、精细地物解译和智能信息提取创造了良好条件。因而,高光谱影像可以更精确地反映地物辐射或反射的本质特性,提高了地物目标的分类和识别能力。不仅如此,高光谱影像数据中蕴含的丰富地物光谱特征和空间结构上下文信息,可以对多光谱遥感影像很难识别的地物目标进行精确判别和分类,同时利用高光谱影像中的空间信息辅助光谱信息,可以改进分类算法,提高分类精度和性能。

高光谱遥感技术应用中,地物目标或地表覆盖分类是非常重要的研究方向,主要目的是对高光谱影像中的地物目标进行探测和辨别,并定量地解译其理化属性,也是高光谱遥感后续识别等应用的基础。遥感影像分类处理是数字影像处理和应用的重要内容,目的是给单个像元指定特定的类别标识或标签。遥感影像分类(remote sensing image classification, RSIC)的关键内容是提取和分析地物目标的光谱特征,在遥感影像中反映为地物的地表反射率,也即不同类别地物目标的数字灰度值(digital number, DN)。即使在相同波段影像上, DN 值也有所差异,所有波段上则会有不同的特性。正因如此,高光谱影像分类研究的理论依据来源于"同物同谱"和"异物异谱"现象,也即根据地物的光谱特征和空间结构纹理可实现对地物目标的准确识别与分类。同时,出现的"同物异谱,异物同谱"现象由噪声干扰或波谱混合等复杂环境影响导致,本质上是一种非正常表象。但是,高光谱影像具有高维、波段间高相关性和光谱混合等特点,使高光谱影像分类面临很大的挑战。此外,HSIC 是高光谱影像处理和分析的关键问题,鲁棒的高光谱影像分类算法不仅能精确地区分地物,还能为后续的识别和检测提供重要的理论依据,尤其要注重算法的执行效率,尽可能地平衡分类算法精度和运行开销。

高光谱影像分类(HSIC)主要是利用高光谱影像的特有性质进行目标识别和分类,就遥感影像而言是对数据驱动的分类方法的扩展或延伸。与一般的遥感影像分类相比,高光谱影像分类具有以下特点:

(1)波段多、波段间相关性强、较高特征空间维、信息冗余及计算复杂;

(2)可用特征多,例如光谱向量、光谱吸收指数、光谱导数、形状指数等光谱特征和空间结构特征等;

(3)可进行混合像元分解,实现软分类(比如模糊分类,主要基于模糊逻辑理论)和亚像素级分类(比如混合像元分解,主要基于光谱解混理论);

(4)需要更多的训练样本以保证分类性能;

(5)具有二阶统计特性;

(6)非线性过程,比如地物波谱的反射和空间传播过程;

(7)信噪比低。

此外,高光谱影像分类面临的重点研究方向有:

(1)维数灾难现象;

(2)理解固有的非线性数据结构;

(3)如何减弱"不适定"的问题;

(4)考虑空间同质性和异质性;

(5)新型的分类器或模型;

(6)仅利用少量标记的样本进行训练或学习;

(7)兼顾光谱信息与空间语义;

(8)高维信号的稀疏表达;

(9)对象表征和面向对象的分类;

(10)克服低空间分辨率;

(11)质量评价和降噪提高信噪比;

(12)多分类器组合;

(13)构成算法链,比如先去噪再分类、先解混再分类等。

1.4　高光谱影像特征表达

利用高光谱影像进行地物精细分类是高光谱遥感技术应用的核心内容之一,分类结果是专题制图的基础数据,在土地覆盖分析和自然资源调查以及环境监测等领域均有着巨大的应用价值。高光谱影像分类中主要面临 Hughes 现象、维数灾难和特征空间中数据非线性分布等问题。同时,传统算法多是以像元作为基本单元进行分类(也即像元级,非对象级)的,并未充分考虑遥感影像的空间域、上下文纹理等特征,从而使得算法无法有效处理"同物异谱,异物同谱"问题,分类结果中地物内部易出现许多椒盐噪点,或地类边界存在较难处理的不确定性。

1.4.1　影像特征表达

高光谱影像数据将地物光谱信息和纹理影像信息融为一体,其数据具有两类表述空间:几何纹理空间和光谱特征空间。

(1)几何纹理空间:直观地表达每个像元在影像中的空间位置以及与周边像元之间的相互关系,包括几何对象的内在结构或空间上下文语义信息,为高光谱遥感影像处理与分析提供可靠的空间地理信息。只有空间几何信息,无法准确判别地物类型(如人工草地和天然草地),或者无法精细分类(如不同湿度的土壤)等。

(2)光谱特征空间:高光谱影像中的每个像元对应着多个成像波段的反射值,体现为光谱向量,在不同波段值的变化反映了其所代表的目标的辐射光谱信息,描述了地物的光谱响应与波长之间的变化关系。这样一个高维向量可等同表达为近似连续的光谱曲线,其优势是特征维度的变化以及扩展性,尤其是可观察到明显的光谱反射峰或吸收峰等特性。对于同样的高光谱数据,能够从最大可分性的角度在更高维的特征空间中观察数据分布,或者映射到一系列低维的子空间。因此,可将高光谱像元向量视作高维特征空间里的数据点,然后根据这些数据点云的统计特性来建立分类模型。模式识别成为影像分类的理论基础,基于该方法的分类成为应用最广泛的分类方式。光谱特征空间的弱点是无法表达像元间的几何位置关系。

从高光遥感谱影像分类框架(图 1-4)可以看出,其核心问题的解决方案在于两方面:一是特征挖掘,特征是高光谱影像分类的重要依据,通过变换和提取得到不同地物类别具有最大差异性的特征,能够极大地提高感兴趣类别的可分性程度(根据最新的实验结果,低可分离性地物类别具有典型纹理空间纹理差异时,仍然可以获得较好的分类性能);二是分类器设计,利用适合的分类器有利于发现复杂数据的内涵,如非线性特征、空间上下文语义特征、长距离特征、全局关联特征等,从而提高高光谱影像分类的精度。

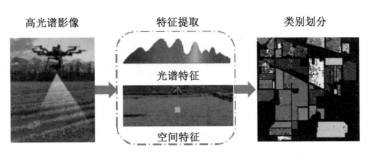

高光谱影像　　　　　特征提取　　　　　类别划分

光谱特征

空间特征

图1-4　高光谱影像分类框架

1.4.2　分类方法体系

高光谱影像分类方法按照分类器设计的不同可划分为监督法、非监督法、半监督法、混合法、集成法和多级法六大类。根据参与分类过程的特征类型及其描述不同,可将高光谱影像分类划分为基于光谱特征分类、联合空谱特征分类以及多特征融合分类。

1. 基于光谱特征分类

光谱特征是高光谱影像中区分地物的决定性特征。基于光谱特征分类囊括了高光谱影像分类的大部分方法,主要包括三个方面:谱曲线分析,即利用地物物理光学性质来进行地物识别,如光谱角填图(spectral angle mapping,SAM)等;谱特征空间分类,主要分为统计模型分类方法与非参数分类方法;基于统计模型的最大似然分类,其是传统遥感影像分类中应用最为广泛的分类方法,最小距离、马氏距离分类器均为最大似然法特定约束条件下的变形。非参数分类方法一般不需要正态分布的条件假设。其他高级分类器,多以模式识别及智能化、仿生学等为基础引入遥感影像分类,如基于人工免疫网络的地物分类、群智能算法以及深度学习等。

2. 联合空谱特征分类

综合利用高光谱影像包含的丰富光谱和空间信息,充分挖掘光谱域和空间域之间的结构关系,可实现对地物鉴别性特征的有效描述和高效利用。

①整合空间相关性与光谱特征分类。遥感影像相邻像元间总存在的相互关系称为空间相关性。这主要是由于遥感器在对地面上一个像元大小的地物成像过程中,同时吸收了周围地物反射的一部分能量。这种分类可以分为光谱-空间特征同步处理和后处理两种策略。面向对象的遥感影像分类(object-based image classification,OBIC)。

②面向对象的遥感影像分类将分类的最基本单位从像元转换到影像对象,也称为图斑对象。图斑对象定义为具有空间相关性的像元聚合成形状与光谱性质同质性的区域。

③整合纹理特征与光谱特征分类。纹理是物体表面的属性所造成的,它可以通过纹理基元空间组织或布局来描述。对于给定的像元,如果能够准确提取它所属的结构纹理特征,对于判断光谱差异性很小而表面结构不同的地物来说,具有较显著的区分效果。基于纹理的分类方法众多,这些方法可归为四类:结构分析法、统计分析法、模型化方法及信号处理方法。

3. 多特征融合分类

多特征融合将纹理、空间相关性、光谱特征以及其他特征融合用于高光谱影像分类。Chen 等用多种方法提取获得纹理特征,利用顺序前进法进行融合,再与光谱信息融合进行分类;赵银娣等将纹理特征、光谱特征及像元形状特征融合对遥感影像进行分类,取得了较好的效果。多种特征可以来源于高光谱数据本身,也可以来源于多源遥感数据。多遥感器数据融合高光谱影像分类研究已经引起关注,如 Zhang 等将 GIS 数据与高光谱影像结合,通过 3 层递进判别模式,在解决地物混杂图斑自动确认问题的基础上,实现了高精度的高光谱影像分类。Ni 等利用边缘约束的马尔科夫随机场模型将 LiDAR 数据与高光谱数据进行融合分类,不仅比直接融合结果精度有了较大提升,且城市地物的细节信息也被充分保留。

考虑到高光谱影像数据的复杂特征,也即捕获的光谱信息与对应地物对象之间的非线性关系,给诸如统计学习等传统方法的准确分类带来了挑战。近年来,深度学习(deep learning,DL)已经被证明是一种强大的特征提取器,可以有效地解决许多计算机视觉任务中出现的非线性问题,促使 DL 广泛用于 HSI 分类(HSI classification,HSIC),显示出其良好性能。

1.5　深度学习

光学成像遥感数据处理经历了全色、彩色、多光谱和高光谱,甚至超光谱影像处理与分析阶段。基于传统的统计机器学习方法已经在测绘和遥感领域得到广泛应用,而与时空遥感大数据、高性能计算和云计算等先进技术融合,必将带来测绘和遥感等地球空间信息科学的转型升级和蓬勃发展。近年来,AI 科技的飞速发展,结合多尺度对地观测信息的感知与认知能力,使智能化的测绘与遥感数据处理面临着巨大的发展机遇。尽管得益于智能化对地观测系统的发展,但是遥感影像分类算法的智能化和高效化,仍是需要着重解决的科学问题。随着 DL 技术的逐步发展成熟,遥感对地感测数据的地表覆盖分类精度得以极大提升。特别是以卷积神经网络(convolutional neural networks,CNNs)为代表的深度学习方法,不论在遥感影像的地物分类任务中,还是其他的测绘与遥感数据处理任务方面,都有着广泛的应用,并取得了显著的性能。

DL 理论源于模拟人脑的视觉认知和神经系统,能捕捉数据内在特征的相关性,并在多抽象级构建表征,也即高层特征多是由低层特征组合而成的,学习过程越到高层,特征就会越抽象,更能够表征对象本体的原始语义信息,并且抽象层次越高,判别和感知的结果会越准确,因此分类的精度越高。此外,深度神经网络(deep neural networks,DNNs)发展自传统的神经网络(neural networks,NNs)或称为人工神经网络(artificial neural networks,ANNs),主要是模拟大脑的视觉中枢神经系统,构建多层感知网络结构对输入数据进行多层的特征挖掘,也即特征工程,最终输出可用的判别信息。

深度神经网络具有以下显著特点:

（1）深层网络结构，通过重复使用隐层或块单元的计算来减少参数，解决人工神经网络模型中计算参数指数级增加的问题，实现更高层次和全局的特征表示；

（2）自动特征学习，可通过对输入数据的自动学习，获得特征表征，并且和分类器联合优化，显著提高分类性能；

（3）卷积的本质就是利用共享参数的滤波器，通过计算中心像素点与相邻像素点的加权和构成特征图实现空间特征的提取。

深度学习最具代表性的技术就是卷积神经网络，与大多数机器学习深度学习相比，已经在各种实际应用中表现出显著的优势。自 LeCun 提出 LeNet-5 网络以来，研究人员已开发出多种卷积神经网络的变体或扩展，例如 AlexNet、VGGNet、GoogleNet、ResNet、DenseNet 和 NASNet 等。卷积神经网络变种发展的趋势使得神经网络架构变得越来越复杂，而神经网络架构设计背后的原理则是更复杂的卷积神经网络，通常会具有更强大的抽象能力，用来解决复杂或大尺度数据的问题。

除上述背景外，高光谱影像分类从 1973 年开始出现相关研究，尤其是 2015 年至今，有关研究持续走热，吸引了广大研究人员的关注。结合深度学习技术，开展高光谱影像分类算法的理论研究，开发更高性能的分类器或分类模型仍然是当前研究的热点方向。近年来，深度学习技术在高光谱影像分类任务中取得了比支持向量机（support vector machines，SVMs）和随机森林（random forests，RFs）等分类器更好的性能。还有一些深度学习技术，比如深度置信网络（deep belief networks，DBNs）、堆栈式自编码器（stacked auto-encoder，SAE）和卷积神经网络，都显示出对于高阶数据或高维数据相当大的潜力，如三维（3-D）卷积神经网络。

值得注意的是，最先进的深度神经网络，通常由经过专业数据调研和深度学习领域具有丰富知识的专家或学者所设计。因为深度神经网络的性能非常依赖于所研究的数据对象，所以预料之中，这种设计方式存在很多限制。例如，熟悉专业数据的研究人员不一定具有设计深度神经网络架构的经验，反之亦然。正因如此，研究人员迫切需要开发自动化的深度网络实现算法，可允许没有任何专业知识的研究人员自动设计和构建出针对给定数据的最佳性能的深度神经网络。实际上，近年来已经出现了用于该目的的多种技术，比如遗传优化的卷积神经网络（genetic CNNs）和神经架构搜索（neural architecture search，NAS）技术。另外，深度学习的方法适用于高光谱影像分类的模型，能够提取高光谱影像像元中包含的光谱特征信息和空间结构上下文信息，从而可降低错分类误差。

1.6 几何深度学习

深度学习蓬勃发展的数年间，学者们几乎仅在图神经网络领域使用或等效认知几何深度学习概念。图神经网络的概念于 2005 年被提出；2008 年 Scarselli 博士在其论文"The graph neural network model"中定义了图神经网络的理论基础；2009—2012 年，图神经网络也陆续有一些相关研究;2013 年,在图信号处理的基础上,Bruna 在文献"Spectral networks and locally connected networks on graphs"中首次提出图上的基于谱域(也属于频域)和基于空域的图卷积神经网络,又叫作谱域卷积网络(spectral CNN)。受 2016 年 Defferrard 发表的论文 "Convolutional neural networks on graphs with fast localized spectral filtering"的启发,本书研究将上述研究方法"Cheybyshev spectral CNN(ChebNet)"拓展到高光谱影像分类领域。实际上,几何深度学习具有更加广阔、更加有趣的应用场景。

深度学习的强大优势在于能够形成多层的不同抽象层次的隐表示,从而才能表现出优于浅层的人工神经网络的优势,但是对于图深度学习或几何深度学习来说,现有的图神经网络(GNN)模型也大多还是仅限于浅层的神经网络结构。客观地讲,图神经网络的兴起对深度学习的繁荣起到了极大的推动作用,尤其是作为方法学上的创新在各领域都涌现出广泛的应用。但是不可否认的是,无论是图学习本身,还是特定的应用领域,都存在或面临着许多亟待解决的问题。比如,当构建多层图神经网络时,存在的过平滑现象会使中心节点和相邻节点的差异变小,从而导致分类性能变差,无法发挥出图深度学习的优势;当图神经网络卷积单元或注意力单元层数过多,又或网络结构过于复杂时,图神经网络的参数量会变得非常大,易导致极大计算代价。

类似半监督图卷积神经网络(semi-supervised GCN)等对原始 GCN 的约束与改进,催生了很多新颖的研究方向。同时,图卷积神经网络的发展也存在诸多挑战,比如如何定义新的图卷积核、如何决定最优的 GCN 网络层数、如何增强图结构的可解释性、如何有效地处理大规模图或动态图、如何关联地理空间拓扑语义、如何实现模型压缩或轻量化等。另外,图神经网络应用于高光谱影像分类任务,取得了比较理想的分类性能,但是无论在特征学习的过程,还是在图神经网络模型设计的过程,都是出于研究者经验或根据某种机理或潜在经验逻辑而定的,在数学理论层面缺乏合理的解释性,比如如何定量化高光谱遥感数据中蕴含的非线性特征关系,如何有效地优化图神经网络的构建、学习和推理过程等,都是值得研究和探讨的问题。

第2章　高光谱影像智能分类技术

2.1　本章概述

高光谱影像具有"图谱合一"的特点。高光谱影像分类器和模型能充分利用光谱特征、空间结构上下文和空间纹理信息,获得丰富的地物目标的特征属性信息,分辨和识别宽波段光学遥感不可辨别的地表物质组成,以获得可靠的判别信息和足够精确的分类结果。深度学习技术近年来的蓬勃发展,使得高光谱影像分类在方法上和性能上都获得了突破性的进展。

深度学习能捕捉高光谱影像数据内在空谱特征的相关性,通过构建多层感知网络结构对输入图块(高光谱图像立方体)数据进行多层的特征挖掘,并在多抽象级别构建表征,以表示场景中目标对象本体的原始语义信息,从而获得精确的感知结果和较高的分类精度。本章主要从数据、方法和创新等三个方面,对深度学习方法(DL)实现高光谱影像分类的相关背景和技术进行综述,如图 2-1 所示。同时,根据 CNN 和 GNN 的理论与技术,确定了多个具体的研究方向和目标,也即 CNN 和 GNN 的改进和扩展等变体,以及神经网络模型构建和搜索的自动化。并且,对本书所涉及的真实高光谱数据集和精度评价指标进行了详细的说明。

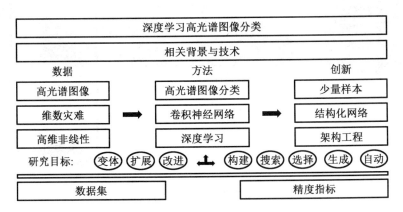

图 2-1　章节概要

本章首先介绍了高光谱影像及高维数据的特点,以及高光谱数据处理存在的科学问题,比如 Hughes 现象,又从 RSIC 出发引出 HSIC 问题,典型的基本步骤包括:预处理、空谱联合特征提取、特征分类和性能评估等。其次,给出了实验所用的高光谱数据集,包括 Indian Pines-A 子数据集、Pavia U 数据集、Salinas 数据集、Salinas-A 子数据集和 HHK 数据集。最后,提供了本书实验所采用的精度评价指标,比如总体精度、平均精度和 Kappa 系数。本章内容主要为后续章节所述方法提供相关背景和理论基础。

2.2 高光谱影像分类原理

2.2.1 高光谱影像

传感器技术和成像科学的快速发展推动了高光谱成像技术的广泛应用,无论是基于卫星或是机载遥感的目标探测和地物分类等的现实应用,还是工业、医药、生物和物理等学科的实验室应用。高光谱成像或者成像光谱学结合了数字成像和光谱学的相关技术,对于高光谱影像中的每个像素,都是由高光谱相机获取的几十到几百个连续狭窄的光谱通道的光强度或辐射,也即辐射率或反射率,并且可以以极高的精度和细节来表示场景中目标对象的物质组成。高光谱影像中的每个像元都包含完整的连续光谱,如图 2-2 所示。

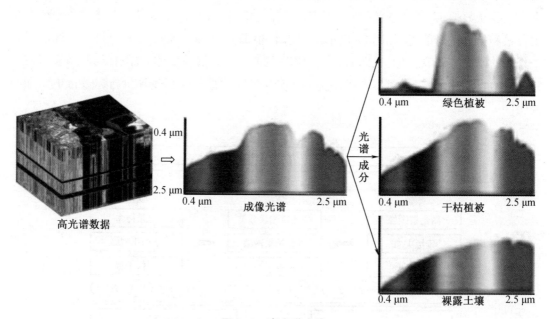

图 2-2　高光谱成像

高光谱成像相比于三通道普通数码成像或数个通道多光谱成像,体现为光谱波段的数目较多,其平面空间像点处的光谱特征或光谱向量,可绘制为完整的成像光谱曲线。高光谱影像具有高光谱分辨率,波段数可达几十甚至上百个,能够精确地反映出地物细微的光谱特征差异。高光谱数据波段数量多,但是实际中能采集的训练样本集却相对较小,主要原因在于很难科学而精确地定义分类体系,给高精度且复杂的高光谱遥感对地观测数据处理和地表覆盖分类任务带来了挑战。高光谱影像具有"图谱合一"的特点,能结合地物空间信息分析几何结构,根据光谱反射信息确定地物理化性质。如果充分利用这一特性,根据地物的光谱反射率,则可以较准确地识别地物所属的类别,而且相应地物目标的识别和分类结果也具有较高的可信度。

高光谱影像显然比普通真彩色或多光谱影像能提供更多关于场景的详细属性信息,也即光谱信息和空间结构特征信息,而普通彩色图像仅获取对应于红色、绿色和蓝色视觉基色(RGB)的三个不同光谱通道。因此,高光谱成像具有较高光谱分辨率的特性,使得地表场景中植被覆盖的解译能力获得极大提高。此外,高光谱传感器因为能获得丰富的地物目标的光谱特征信息,非常适合于自动化的遥感影像处理,无论是用于工业质量控制和检测还是用于遥感地表覆盖解译领域。

如图2-3所示,由于三维的高光谱立方体是高阶的多维数据,因此需要存储大容量数据。高光谱成像数据处理的主要缺点是高计算成本和算法复杂性,所以需要高性能的计算机软硬件设备、高敏感度的传感仪器与大数据容量的存储器来支持和分析高光谱数据。所有的这些因素都大大增加了高光谱数据获取和处理的成本与难度。除此之外,实际工作中不得不找到科学地对高光谱成像平台编程的方法,以对采集的数据进行初始分析和分类,并仅选取和传输最重要的影像。某种意义上讲,海量高光谱遥感数据的传输和存储,意味着数据处理非常困难和更高的维护成本。

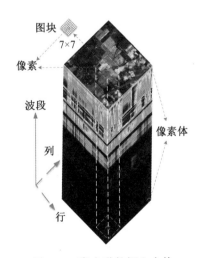

图2-3 高光谱数据立方体

高光谱成像的主要优点在于每个成像点处都能获得完整的光谱曲线,所以不需要先验的样本知识,并且后处理也能对数据集的所有可用信息进行充分的特征挖掘。高光谱成像还可利用邻域中不同光谱通道之间的空间关系,构建更加精细的空谱模型,从而更精确地对高光谱影像场景中地表覆盖类型分割或分类。总而言之,作为一种相对新颖的传感器分析技术,高光谱成像的全部潜力仍然尚待专业领域研究人员的持续探索和开发。

2.2.2 影像分类流程

如图 2-4 所示,遥感影像分类是将影像场景中的每个像元给出一个确定的类别标签。由于高光谱数据的波段数较多且存在数据冗余等特性,因此高光谱影像分类研究的理论依据就是丰富的光谱信息,也就是对地观测场景中不同地物的电磁辐射能量值或者地物反射率。正常情况下,高光谱影像场景中相同类别的地物目标应该具有相同或相似的空谱特征(也即类内相似性),最理想情况为非混合的地物类别,同时不同类地物目标则应具有不同的空谱特征(也即类间差异性)。若将光谱信息和空间特征联合处理,则有利于获得更好的分类精度。一般地,需要预处理输入的高光谱原始数据,比如去噪、降维或归一化等,而对于深度学习分类模型,甚至需要考虑数据增强(比如加噪)来加大深度神经网络模型的泛化能力。

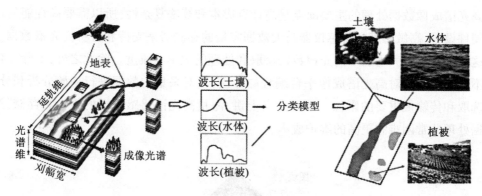

图 2-4　高光谱影像分类

如图 2-5 所示,高光谱影像分类的基本流程主要包括:(1)辐射校正得到真实的辐射能量值,几何校正和正射纠正消除地球曲率和地势起伏影响等;(2)分别提取空间特征以及光谱信息,然后进行特征融合与优化;(3)将提取得到的特征结果输入分类器或深度学习分类模型,最终得到像元属于某地物类别的标注结果;(4)考虑到异常样本及空间的平滑性,空间正则化或后处理可以优化最终的分类结果。高光谱影像分类的性能,不仅和具体的分类算法密切相关,还和训练样本的选择、分类策略和特征提取方法等密切相关。通常地,首先要确定参与监督训练的分类基本单元,也即地物类别数,其次确定最佳的分类策略和分类判据,最后选择最优的分类器或设计创新的深度学习分类模型。

训练样本的选择与优化是高光谱影像分类任务的关键,可以分为像素级、特征级和对象级。高光谱影像和普通遥感影像在空间纹理结构信息提取方面原理上是类似的,即每个像元相应的邻域具有一定相似性,而研究目标不局限于像素级特征,还可利用空谱特征的相似性,进行分类的后处理,或者结合空间纹理特征和空间结构上下文语义信息,以及长距离远程信息或全局关联信息等。本质上讲,上述方法仍然是以像素为基本单元的分类,而像素级的分类不符合人类与地理空间有关的认知,因此对象级分类方法比较适合研究地理空间和地物目标的空间分布规律。

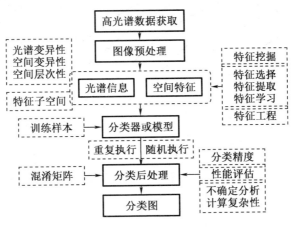

图 2-5 高光谱影像分类流程

影像分类策略的划分,主要包括:(1)监督分类和非监督分类,也即训练样本是否已知,或者说是否需要有样本参与训练;(2)硬分类和软分类,也即像素是否为纯像元,或是否为确定性分类;(3)单分类和多分类,也即参与分类训练的是单个还是多个分类器;(4)基于像素和面向对象,也即是像素层次还是对象级的分类算法;(5)单视图或多视图学习分类,也即单个或多个分类输出。

具体地讲,高光谱影像的分类精度或性能,主要取决于特征的提取、样本类别或特征的可分离性或离散度、训练样本质量及数量、特征维数或场景复杂性以及分类器选择等。通过选择最优的分类算法,增加分类所使用的特征,并选取足够的训练样本,适当进行降维等操作,最好保证训练样本尺寸不小于特征维数,以增强不同地物类别像元的可分性。

一般而言,高光谱影像分类包括两个基本任务:(1)高光谱数据的样本属性信息的特征挖掘,包含波段选择、特征提取、特征约简等;(2)利用已知训练样本和类别相似性或差异性信息实现地物分类。并且,高光谱影像分类过程结束后,依据已知的地面真实参考样本图,可进一步计算分类精度(比如基于混淆矩阵、显著性假设检验或不确定分析),并通过精度指标评价分类器或分类模型的算法性能。

2.2.3 存在的问题

多光谱遥感影像分类都是遥感影像中蕴含的特有性质进行地物目标的识别、判别和地表覆盖的分类解译,可以视为数据驱动方法的扩展或延伸。高光谱数据通常有成百上千个维度,维度灾难是在高维空间数据分析时出现的各种现象,这些现象也称作 Hughes 现象或峰值现象,如图 2-6 所示。该问题会导致分类性能出现明显下降,也会对高光谱遥感的应用造成不利影响,特别是当样本尺寸(或数量)远小于数据维数时,性能会显著降低。

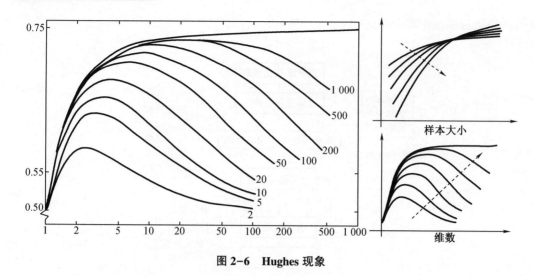

图 2-6   Hughes 现象

Hughes 现象对高光谱数据应用的影响主要体现在：一方面，波段数量若不断增加，顾及全部波段信息，存在分类精度会随着波段数量的增加先增后减的关系；另一方面，高光谱影像分类的效率与波段数量呈负相关，也即光谱波段数增加提供更多分类信息，由于估计的分类器参数不足够准确，因此分类性能还是会大概率变差，也会成为制约高光谱遥感应用扩展的不利因素。

就数据特性和差异而言，高光谱影像的数据分类方法存在以下典型问题：

（1）波段多且波段间相关性强；

（2）高特征空间维；

（3）信息冗余及计算复杂；

（4）需要更多的训练样本（主要考虑到数据维度与训练样本需求数量的关系）；

（5）维数灾难现象；

（6）非线性数据结构；

（7）低空间分辨率；

（8）"不适定"的问题。

特别地，高光谱遥感影像具有较高的光谱分辨率，是以提高数据维数和增加数据信息量为代价，随之而引起的系列技术问题（比如数据传输、处理和分析算法执行效率低），对高光谱遥感实现高效的地物分类和目标识别等具体应用造成了许多效率上的困难。

高光谱遥感应用存在的一系列问题，关键是维数增加后数据处理要求更高和如何对冗余特征信息进行有效利用。正如前文所述，针对高维的数据，如果样本不足，则估计的参数不可避免地会有很大误差，维数无限变大反而会造成分类精度的显著下降，也即当训练样本数量有限或不变时，分类精度随维数的增加会先升后降。

2.3 深度学习分类模型

2.3.1 智能分类概述

高光谱遥感技术是遥感科学与技术发展史上的一次革命性的飞跃。如图2-7所示,高光谱影像具有光谱分辨率高、"图谱合一"的独特优点,特别是具有光谱波段多、光谱分辨率高、波谱信息丰富等特点;高光谱遥感是在传感器科学、成像科学和光谱学的基础上发展起来的,是一种利用很窄且连续的光谱通道对地球表面进行持续光学遥感成像的技术。高光谱遥感与地面光谱辐射计(或地物光谱仪、手持光谱仪等)相比,获取的不是点上的光谱测量(表现为带有光谱吸收谷、反射峰特征的光谱向量或光谱曲线),而是在连续空间上实现的面阵式光谱测量与光学成像,并输出为多谱段或多波段的遥感数字影像,可以同时获取地物场景或目标对象的二维空间信息和一维光谱信息。

与传统的遥感技术相比,高光谱分辨率的成像光谱仪为每一个成像像元提供很窄的成像波段,其光谱分辨率高达纳米数量级(比如 3 nm、5 nm 等),光谱通道多达数十甚至数百个以上(取决于成像的谱段范围和光谱分辨率),而且各光谱通道间往往是连续的。因此,与传统遥感相比,高光谱遥感成像通道数大大增加,不仅能获得丰富的光谱–空间信息,而且优势在于对地物的分辨识别能力大幅提高,使遥感从定性分析向定量或半定量分析的转变成为可能。因而其在对地遥感观测和生态环境监测等科学工作中得到广泛应用,如图2-7 所示。

得益于当今信息化、智能化的时代特点,未来高光谱遥感技术的发展、海量高光谱数据的积累将为卫星高光谱的多样化应用提供强有力的技术参考与数据基础。某种意义上讲,可以预见到高光谱遥感智能化、大数据时代来临,因此 AI 背景下的机器学习乃至深度学习算法研究将发挥越来越重要的作用。目前,诸如阿里达摩院开发的"AI EARTH"、西安电子科技大学开发的"遥感脑"等大数据智能解译平台均采用了 AI 技术,体现出强大的算力和地表覆盖解译精度。展望遥感科学与技术的未来发展,多源对地观测数据的智能处理与分析解决方案会越来越多。

类似的 AI 技术平台不仅支持 RGB 影像、多光谱影像、高光谱影像及普通视频图像的处理,而且可以快速地提取地表覆盖现状信息和时空动态变化信息,并且拥有比传统遥感方案更高的精度。尤其是,未来 AI 技术对多源多模,甚至复杂空间数据的融合分析是人类社会遥感对地观测的大趋势。随着高分辨率光学卫星传感器的广泛应用,海量级对地遥测数据的持续积累,高光谱影像机器智能分类算法的蓬勃发展,开发诸如阿里 AI EARTH、微软 AI for Earth、谷歌 Google Earth Engine 等 AI 技术平台必定能在未来的空天信息领域发挥更大的价值,让 AI 辅助人类解译地球表面。

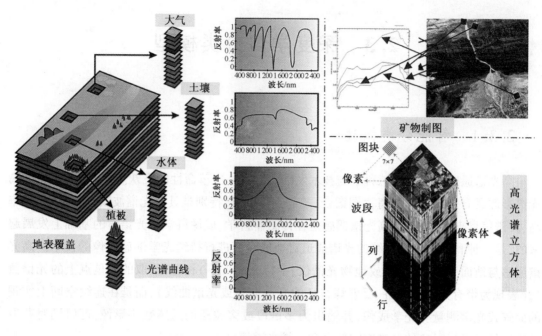

图 2-7　高光谱影像具有丰富的波谱信息

2.3.2　智能分类模型

作为 AI 技术的代表,机器学习技术及相关研究得到了快速发展,尤其是自深度学习 DL 技术被广泛应用以来,在计算机视觉(computer vision,CV)相关任务中,遥感影像分类和识别算法达到了最先进的性能。如图 2-8 所示,深度学习的方法实现高光谱影像分类,主要是集中于卷积神经网络及其变种的有关研究,多是直接使用原始波段或是将高光谱影像先进行降维,然后再进行空谱特征信息的提取,也有的将高光谱影像分块拉伸成一维向量或数组,然后再进行空间特征的优化,从而实现空谱特征的提取。

高光谱影像的特征挖掘联合空谱特征信息,进行数据挖掘,其得到的特征向量较原始光谱向量有更高的维度,需要进行特征优化。常用的主成分变换(PCA)和独立成分变换(ICA)等特征提取方法,并不能将样本模式信息与特征提取过程相关联,多用于空间特征提取之前的数据降维。另外,监督的深度学习方法往往需要充分利用高光谱数据中的先验信息,通过学习大量的先验样本以优化整个网络参数,以端对端的形式实现监督方式的空谱特征提取,从而提高高光谱影像分类的精度。

以下小节将简要介绍本书实验所采用的深度神经网络模型的训练流程、高光谱实验数据集描述和分类精度评价指标等内容。

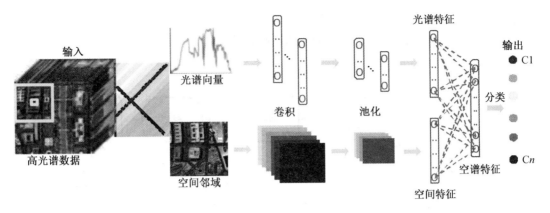

图 2-8 深度学习分类模型

2.3.3 深度网络模型训练

如图 2-9 所示,深度神经网络模型训练过程主要包括输入图块,确定采样策略,模型训练、测试、推理,统计训练时间,计算分类精度,输出分类图和概率图等。首先,将高光谱立方体划分为许多训练样本,也即许多三维图块,并将大小为 7×7 图块中的每个中心像素及其邻域像素作为一个独立样本。因此,每个样本数据的空间尺寸均为 $7×7×B_{ands}$。然后,根据参数分析和模型优化,对设计的深度神经网络架构进行参数配置。当高光谱数据图块化和神经网络架构参数化过程完成后,随即根据采样策略进行样本的划分,得到预定义尺寸的样本设计集,包括训练集、验证集和测试集。

具体地,深度神经网络模型训练过程中,将划分后的训练样本随机分成一些特定大小的批次。并且,总共 200 个代,对于每个代,仅分别将一个批次输入顺序模型中,以用于训练和验证。除了设置早期停止选项外,训练过程将不会停止,直到达到预定的最大迭代次数。这里,验证过程和训练过程是同步交替地进行的,也即在训练和验证过程中,同时能获得训练的精度和损失以及验证的精度和损失,当训练结束时,会得到最佳性能的模型参数和权重,并写入磁盘存储。测试过程中,测试样本输入顺序模型中,并且可以通过找到输出预测概率向量中的最大值,来获得最终类别的预测标签。最终,将预测标签和已知标签结果(混淆矩阵)进行混淆分析,则可以求得分类的精度指标,例如总体精度、平均精度、Kappa 系数。

为便于视觉上直观评价分类精度,分类图的输出遵从参考样本范围或已知样本覆盖区域,也即预测整个参考景样本覆盖区域。由于预测概率并不总是相同的分布,本研究使用最小-最大缩放,将所有预测概率值转换为[0,1]的分布间隔。最后,绘制高光谱影像数据完整场景中所有预测概率的空间分布,以显示弱预测的空间密度,也即概率图。同时,对预测的参考景内样本的最大预测概率进行分布统计并绘盒图,进而得到总体中最大预测概率的均值、中值和分位数以及异常预测值。

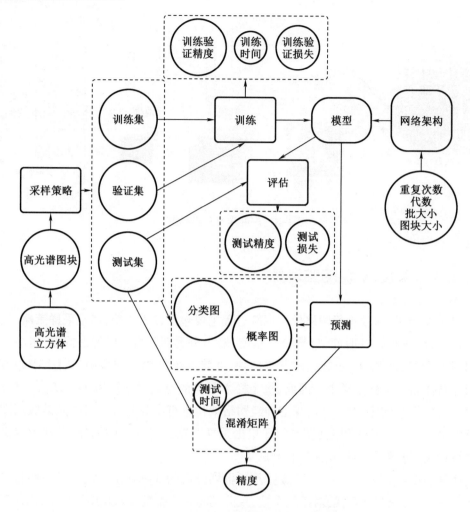

图 2-9　深度神经网络模型训练的流程

2.3.4　智能分类技术趋势

高光谱影像智能分类技术主要是依赖于机器智能算法在高光谱影像分类领域的广泛应用,包括传统的机器学习和新近的深度学习算法,以及图机器学习和图深度学习等智能算法,然后实现特定场景内高光谱影像的高效率、高精度地物类别划分和智能解译,为地表变化信息快速提取与其他下游技术研究工作提供智能化的技术解决方案。就高光谱影像智能分类面临的一系列科学问题和技术挑战而言,其主要是与高光谱影像多谱段的本质特性和高维数据处理的问题挑战有关。

高光谱影像具有多达上百个连续窄谱段,是高光谱遥感研究的典型特征。高光谱影像具有蕴含大量空谱信息的能力,使得高分辨率光谱或空谱信息提取成为可能。高光谱信息提取通常涉及高光谱数据处理和分析过程中的噪声估计、端元提取、光谱解混、影像分类和目标探测等。与真彩色 RGB(红色(R)、绿色(G)和蓝色(B))或多光谱影像分析相比,高光谱遥感影像分析在精细水平上对地球表面的材质类型有更佳的识别能力。然而,由于高维高光谱数据中的相邻波段可能高度相关(强相关),会产生 Hughes 现象,因此需要标注大量的带标签样本来提升高光谱遥感影像的分类性能。由于不同的光谱特征和有限的训练样本,往往可能会造成意想不到的困境,因此亟须解决少样本、有限样本或小样本分类问题。当涉及高光谱影像分类任务时,早期 ML 方法存在以下问题:(1)严重依赖手工的空谱特征;(2)不能准确地学习类条件密度;(3)不适应高光谱影像高维结构的有限训练样本。上述问题的解决,迫切需要开发例如深度学习等更加智能化的处理和分析算法。

回顾高光谱影像分类技术从 ML 到 GNN 的最新进展。Gao 等提出了一种基于子空间的方法,以减少输入空间的维数,并促进使用有限的训练样本。Yu 等引入了一种新的结合光谱和空间信息的 HSI 监督分类器。Gao 等结合局部保留投影和稀疏表示来平衡高光谱数据的高维特性和有限的训练样本。Yu 等将局部敏感判别分析与 HSI 分类的组稀疏表示结合。Gao 等提出了一种优化的核最小噪声分数(minimum noise fraction,MNF)变换算法,用于 HSI 的有效特征提取。Yu 等提出了一种基于空间信息的多尺度超像素分割方法来建模不同类别的分布。由于深度学习技术具有强大的抽象表征能力,可高精度地将高光谱立体划分为不同的土地覆盖类别,因此其越来越受到科学界的青睐。Cui 等提出了一种多尺度空谱卷积神经网络,将多个感受野融合的特征和多尺度的空间特征集成在不同层次中。Gao 等集成 t 分布随机相邻嵌入(t-distributed stochastic neighbor embedding,t-SNE)和 CNN,以挖掘 HSI 中潜在的组合特征。Yu 等通过考虑空间一致性提出了一种利用局部光谱相似性和非局部空间相似性的新方法。Liu 等提出了一种新的轻量级混洗图卷积网络(GCN),通过有限数量的训练数据来加速训练过程。不仅如此,最近关于基于图的学习的新算法,也越来越引起学术界的关注。

图深度学习(graph-based deep learning,GDL)在图结构化数据解析方面显示出优越的特性。同时,图表示学习(graph representation learning,GRL)和图神经网络在图数据学习、特征拓扑关系建模和全局关联解析方面具有明显的优点,是一种很有前途的学习方法。与传统的以卷积神经网络为代表的深度学习相比,基于图的深度学习在刻画类的边界和建模特征关系(特别是长距离特征关系)方面具有能空间拓扑分析的优势。对于高光谱影像分类而言,需要将规则网格的高维高光谱影像(hyperspectral images,HSIs)数据转换到不规则域的图数据,才可以适用基于图深度学习的算法。因此在高光谱影像分类中,如何将高光谱数据从规则网格转化到不规则域是一个亟待解决的关键问题。

GCN 相较于 CNN、支持向量机(support vector machine,SVM)能取得不错的分类性能,尤其是对于复杂高光谱实验数据集。此外,GCN 模型具有更优异的收敛特性。不同复杂度数据集上的实验表明,高光谱影像分类的结果不仅取决于分类器或分类模型、采样过程、参数选择,还与数据集地表场景的复杂性和样本数据的质量有关系。本研究中,高光谱数据输入图深度学习模型中的方式,借鉴了以往的影像深度学习过程策略,就现有 GNN 处理 HSI 数据的研究而言,仍不失为一种新颖的方法。

2.4 实验数据与精度评价

2.4.1 高光谱数据集

针对不同的深度卷积神经网络(deep convolutional neural networks,DCNNs),本研究将不同空间分辨率、不同地表场景和不同复杂度的高光谱数据集用于深度学习分类模型的实验,比如 Indian Pines(IN),Indian Pines-A(IA),PaviaU(PU),Salinas(SL),Salinas-A(SA)和 Huanghekou(HH)数据集。具体而言,IN 和 SL 数据集是在野外或自然区域中收集的,而PU 数据集是在城市区域采集的,IA 数据集是 IN 数据集的一部分,而 SA 数据集则是 SL 数据集的一部分,HH 数据集则属于大场景。以下对伪彩色图像和地面真实参考样本及数据集描述进行了介绍。其中,伪彩色图像是抽取高光谱影像数据中的 3 个波段(分别为第10 个、第 24 个和第 44 个波段)叠加作为 RGB 图像三个通道所形成的。

IA 数据集是 IN 数据集的一部分,大小为 86×69 像素的区域,如图 2-10 所示。因为地物类别数较少,而且不同类别间样本均衡,因此其常用于高光谱影像分类算法的实验。IA数据集共有 4 400 个样本像素、1 534 个背景像素,如表 2-1 所示。IN 数据集是最早用于高光谱影像分类的实验数据集,由机载的光谱成像仪 AVIRIS 进行成像,于 1992 年在美国印第安纳州的印度松树地区采集得到,其中选取 145×145 像素大小的区域进行实地标注。AVIRIS 成像光谱仪的成像波长为 0.4~2.5 μm,连续 220 个波段对地表连续成像,由于第104~108 个、第 150~163 个和第 220 个波段是水汽吸收波段,仅选择去除水汽吸收波段后的数据进行研究,其空间分辨率为 20 m/p(米/像素),容易产生混合像元,相较于高空间分辨率的高光谱影像在分类过程中会有一定难度。

PaviaU 数据集是由德国产机载的光谱成像仪 ROSIS 进行成像,于 2003 年在意大利的帕维亚城中心(Pavia Center)采集的高光谱影像的一部分数据,如图 2-11 所示。ROSIS 光谱成像仪的波长为 0.43~0.86 μm,共 115 个连续波段,其空间分辨率为 1.3 m/p。由于噪声的影响,需要剔除 12 个波段,剩下的 103 个光谱波段作为研究数据。PU 数据集的空间范围尺寸为 610×340,共包含 220 740 个像素,其中标记的地物像素共有 42 776 个,如表 2-2所示。PU 数据集有 9 个地物类别,比如树(trees)、沥青道路(asphalt)、砖块(self-blocking bricks)和牧场(meadows)等,其中有 164 624 个未标记的背景像素。

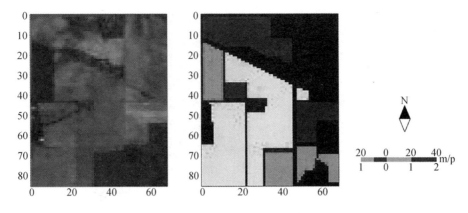

图 2-10 IA 数据集的伪彩色图和参考样本

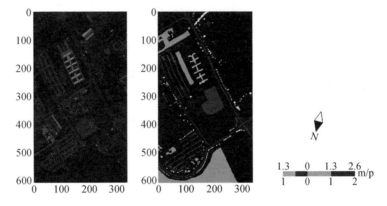

图 2-11 PU 数据集的伪彩色图和参考样本

SL 数据集同 IN 数据集一样,也由成像光谱仪 AVIRIS 所采集,如图 2-12 所示。SL 数据集也有 224 个波段,同 IN 数据集不同的是,其空间分辨率为 3.7 m/p。同样地,剔除了第 108~112 个、第 154~167 个和第 224 个水汽吸收波段,剩下的 204 个波段作为研究数据。SL 数据集的大小为 512×217 像素,共包含 111 104 个像素,其地面真实参考样本有 54 129 个标注的地物像素,非标注的背景像素有 56 975 个,如表 2-3 所示,对应有 16 个地物类别,包括休耕地(fallow)和芹菜(celery)等。SA 数据集是 SL 数据集的一部分,如图 2-13 所示,其包括位于 Salinas 场景内的 83×86 像素。SA 数据集的地面真实参考样本,有 5 348 个标记的样本像素和 1 790 个未标记的背景像素,对应有 6 个地物类别,如表 2-4 所示。需要注意的是,以上数据集的所有未标记的像素都编码为 C0 类,而且每个地物类别的训练集和验证集的大小均设置为 60 个样本,其他剩余的样本则作为测试集样本。

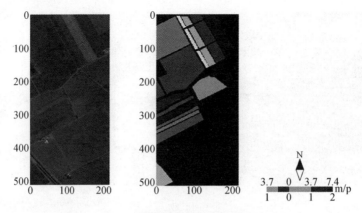

图 2-12　SL 数据集的伪彩色图和参考样本

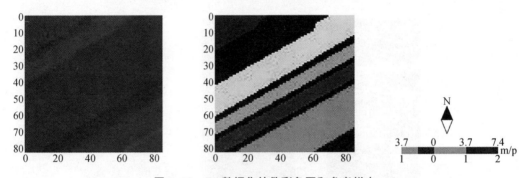

图 2-13　SA 数据集的伪彩色图和参考样本

表 2-1　IA 数据集的类别定义和样本划分

颜色	类别(IA)	样本数(IA)
C0	not-groundtruth(非参考)	1 534
C1	corn-notill(免耕玉米)	1 005
C2	grass-trees(草木)	730
C3	soybean-notill(免耕大豆)	741
C4	soybean-mintill(少耕大豆)	1 924

表 2-2　PU 数据集的类别定义和样本划分

颜色	类别(PU)	样本数(PU)
C0	not-groundtruth(非参考)	164 624
C1	asphalt(柏油马路)	6 631
C2	meadows(草地)	18 649
C3	gravel(沙砾)	2 099
C4	trees(树木)	3 064
C5	painted metal sheets(金属板)	1 345
C6	bare Soil(裸土)	5 029

表 2-2(续)

颜色	类别(PU)	样本数(PU)
C7	bitumen(沥青屋顶)	1 330
C8	self-Blocking Bricks(地砖)	3 682
C9	shadows(阴影)	947

表 2-3 SL 数据集的类别定义和样本划分

颜色	类别(SL)	样本数(SL)
C0	not-groundtruth(非参考)	56 975
C1	brocoli_green_weeds_1(绿化椰菜1)	2 009
C2	brocoli_green_weeds_2(绿化椰菜2)	3 726
C3	fallow(休耕地)	1 976
C4	fallow_rough_plow(粗犁休耕地)	1 394
C5	fallow_smooth(细犁休耕地)	2 678
C6	stubble(残株)	3 959
C7	celery(芹菜)	3 579
C8	grapes_untrained(未修整葡萄)	11 271
C9	soil_vinyard_develop(待开发葡萄园)	6 203
C10	corn_senesced_green_weeds(老绿玉米)	3 278
C11	lettuce_romaine_4wk(长叶莴苣 4wk)	1 068
C12	lettuce_romaine_5wk(长叶莴苣 5wk)	1 927
C13	lettuce_romaine_6wk(长叶莴苣 6wk)	916
C14	lettuce_romaine_7wk(长叶莴苣 7wk)	1 070
C15	vinyard_untrained(未修整葡萄园)	7 268
C16	vinyard_vertical_trellis(葡萄园垂直架)	1 807

表 2-4 SA 数据集的类别定义和样本划分

颜色	类别(SA)	样本数(SA)
C0	not-groundtruth(非参考)	1 790
C1	brocoli_green_weeds_1(绿化椰菜1)	391
C2	corn_senesced_green_weeds(老绿玉米)	1 343
C3	lettuce_romaine_4wk(长叶莴苣 4wk)	616
C4	lettuce_romaine_5wk(长叶莴苣 5wk)	1 525
C5	lettuce_romaine_6wk(长叶莴苣 6wk)	674
C6	lettuce_romaine_7wk(长叶莴苣 7wk)	799

HH 数据集来自由 Jiao 等发表的论文,如图 2-14 所示。如表 2-5 所示,HH 数据集样本类别包括 21 个类,主要的地表材质类型包括水体、草地、林地、建筑物、裸地等,和传统意义上的地表覆盖或土地利用类型有所差异。因此地表覆盖的类型关系到地表材质光谱、空间纹理和上下文语义信息,这对于高光谱数据而言通常需要突出光谱差异对于高光谱影像分类的重要性。具体地,采用了 GF5_AHSI 传感器,空间分辨率为 30 m/p,光谱范围涵盖 VNIR(可见光-近红外)0.390～1.029 和 SWIR(短波红外)1.005～2.513。原始波段数量分布 VNIR(可见光-近红外,剔除 1 号波段)150 个波段和 SWIR(短波红外,剔除 42～53 号、96～115 号、119～121 号、172～173 号、175～180 号等波段)180 个波段,总计 330 个波段,除去已剔除的波段剩余 285 个波段。数据集影像范围大小为 1 185 号×1 342 列,成像时间为 2018 年 11 月 1 日。光谱分辨率为 VNIR(可见光-近红外)5 nm 和 SWIR(短波红外)10 nm。

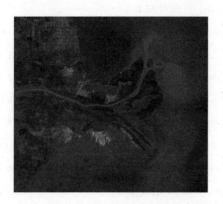

图 2-14 HH 数据集的伪彩色图和参考样本

表 2-5 高光谱影像数据集及不同类别的样本数量统计

颜色	类别(HH)	样本数(HH)
C0	not-groundtruth(非参考)	1 583 799
C1	aquaculture(鱼塘)	393
C2	deep Sea(深海)	796
C3	locust(槐树)	110
C4	rice(水田)	190
C5	buildings(建筑)	83
C6	broomcorn(高粱)	96
C7	maize(玉米)	95
C8	soybean(旱地)	211
C9	spartina(大米草)	200
C10	shallow Sea(浅海)	936
C11	mudflat(滩涂)	553
C12	river(黄河)	469
C13	suaeda Salsa(碱蓬草)	361

表2-5(续)

颜色	类别(HH)	样本数(HH)
C14	reed(芦苇)	240
C15	salt Marshes(盐沼)	595
C16	intertidal Saltwater Marshes(潮间带盐水)	454
C17	tamarix Chinensis(柽柳)	133
C18	pond(坑塘)	377
C19	flood Plain(河漫滩)	68
C20	freshwater Herbaceous Marshes(浅水植被沼泽)	72
C21	emergent Vegetation(水生植被)	39

　　针对实验数据集的空谱特性,为了分析数据和地物的特性,这里绘制了所用高光谱数据集的光谱能量曲线,如图2-15所示。同时对于场景中地物类型或观测对象情况进行了进一步详细说明。光谱能量曲线以各能级的平均发射能量为纵坐标,波长由横向方向绘制,自然地区和城市地区之间的每个类别的特征都得到了清晰体现,不同数据集之间的类间差异也有所不同。关于高光谱深度学习分类模型算法的有效性和应用价值,并顾及数据集复杂性,本书所采用的实验数据集为国际上公开的标准高光谱影像分类数据集,用以开发各种分类器或分类模型。

　　数据集大小和复杂性与具体的采样策略有关,比如:(1)采用固定大小的训练集和验证集,与整体数据样本数量关系较弱,也即有限样本训练(每个类别具有固定数量训练样本)深度学习模型;(2)使用的高光谱影像数据集由不同成像传感器采集得到,包括不同的空间分辨率和不同地表场景,也即城市地区或自然区域,对于数据复杂程度具有一定代表性;(3)实验选择7×7尺寸作为图块大小,也即高光谱影像景具有多少个像素点,就会有多少个特定尺寸的高维数据图块,又因为地物类别是固定的,故本研究实验数据集大小对于监督的深度学习模型而言是适合的。

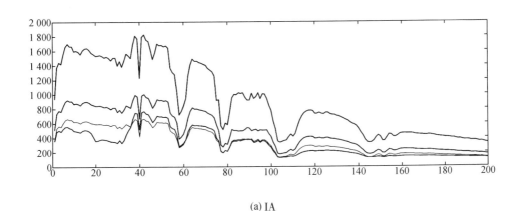

(a) IA

图2-15　光谱能量曲线

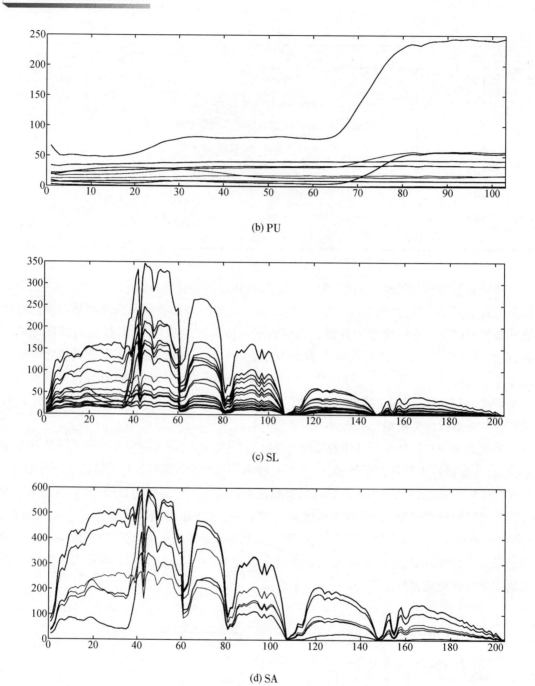

(b) PU

(c) SL

(d) SA

图 2-15(续 1)

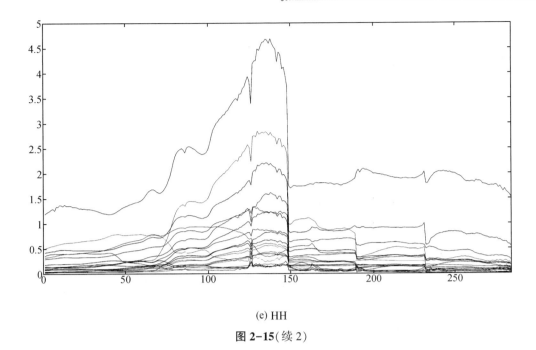

(e) HH

图 2-15(续 2)

新增的高光谱数据集(比如 HH 数据集)类别间虽然可分离性较差,但仍可以获得较好的分类性能。这说明类别间可分离性可能不是一个关键的问题,空间纹理和上下文信息或许某种程度上降低了光谱差异对于地表材质特性的敏感性。基于 t-SNE 的特征学习包含大量的迭代计算,计算成本大,所以我们采用 GPU 加速来获取特征数据,并将其保存到存储介质中,然后再次加载并重新采样,进一步有效地避免巨大的内存消耗导致远程云服务器没有响应。实验发现,增加生成邻接矩阵的噪声水平,的确可以提高邻接矩阵的复杂性,但是对于采用高光谱数据立方体的图节点分类任务,某种程度上会造成分类模型最终性能的退化。

2.4.2 精度评价指标

地面真实的参考样本会被用来训练监督的分类器或深度神经网络分类模型,实施分类过程中,通常使用测试样本数据来计算相应的精度指标,作为分类精度的量化评价,以衡量分类性能。测试样本集也即真实类别数据集,应是与训练样本集相互独立的样本集,验证样本集可以为测试样本集的子集或相对独立的样本集。通过地面参考数据与分类结果的对比,可以评价最终分类输出的结果。常用的高光谱影像分类的精度评价指标主要包括总体精度(overall accuracy, OA)、平均精度(average accuracy, AA)和 Kappa 系数等。

总体精度指全部正确分类数作比于全部测试样本数,其中全部类别的正确分类样本数位于误差矩阵的主对角线,表示所有正确分类的像元数或正确分类的样本数。样本的总体精度反映了样本的估计结果和真实标注结果相同的概率,具体的计算公式为

$$OA = \sum_{i=1}^{T} \frac{X_{ii}}{n} \qquad (2-1)$$

式中,T 表示类别的总数;矩阵的元素 X_{ii} 表示类别 i 正确分类为对应类别 i 的数目。

平均精度指各类别分类和作比于总和得到的均值,可衡量各类别平均水平下的分类精度,表示正确分类情况下每个类别的概率均值,具体的计算公式为

$$\mathrm{AA} = \frac{\sum\limits_{i=1}^{T} \left(\dfrac{X_{ii}}{\sum\limits_{j=1}^{T} X_{ij}} \right)}{T} \tag{2-2}$$

Kappa 系数 K 表示被评价类别的分类结果与完全随机分类两者间错误减少的比例,多用于检验分类结果的一致性问题,具体的计算公式为

$$K = \frac{n \left(\sum\limits_{i=1}^{T} X_{ii} \right) - \sum\limits_{i=1}^{T} \left(\sum\limits_{j=1}^{T} X_{ij} \sum\limits_{j=1}^{T} X_{jj} \right)}{n^2 - \sum\limits_{i=1}^{T} \left(\sum\limits_{j=1}^{T} X_{ij} \sum\limits_{j=1}^{T} X_{jj} \right)} \tag{2-3}$$

显然,Kappa 系数越大则分类的一致性越高,反之亦然。Kappa 系数主要用于分类结果总体精度的补充,表示分类结果的一致性。这里,式(2-1)、式(2-2)和式(2-3)为本书实验所采用的分类精度评价指标,本书评价深度学习分类模型的性能时,均使用这三个分类精度指标。

上述分类精度的评价指标,主要是由混淆矩阵计算得到的。混淆矩阵或者称误差矩阵,是评价地物分类性能的主要指标,通过对高光谱影像场景中的地物要素进行分类预测,比较真实的地物标签与分类结果标签,便可得到混淆矩阵,能够将分类的结果以表格的形式表示出来,描述总体的分类精度的同时,考虑了各类别的分类精度、错分误差及漏分误差的情况。

第3章 深度神经网络模型

3.1 本章概述

卷积神经网络,是一种典型的神经网络架构类型,在诸如计算机视觉及影像分类任务上,已经取得了目前为止最先进的性能。同时,卷积神经网络也是最流行的架构,对于局部特征有较强的抽象表征能力,关键特性在于权值共享,也即参数共享。相关研究表明,卷积神经网络对于高光谱影像分类相较于传统的机器学习算法具有更好的性能。比如,Hu 等就采用简单的卷积神经网络架构,在空谱特征域进行高光谱影像分类,并取得了比传统机器学习方法更好的分类精度和性能。

卷积神经网络架构能广泛应用于许多领域,取决于其能够成功利用图像的二维结构和邻域像素之间的高相关性,避免了所有像素单元之间一对一连接,比如多层感知的全连接神经网络,从而有利于采用分组局部连接。卷积神经网络依赖于特征共享或权值共享原则,每个通道的输出,也即输出的特征映射(特征层或特征图),都是相同滤波器(或卷积核)通过所有位置的卷积而得到的。卷积神经网络引入的池化步骤,一定程度上使得二维图像特征具有平移不变性,这样就使得卷积神经网络模型的性能不会受位置变化的影响。此外,池化操作使深度神经网络能具有更大的感受野范围,从而能够接受更大的输入张量,也即感受野的增大,能允许深度神经网络学习到更深层、更加抽象的特征表征。例如,卷积神经网络的浅层能学习图像的边、角等空间纹理特征,而深层则能学习到完整目标的特征。

现有的许多研究都将卷积神经网络视作一种黑箱(或称为黑盒)技术,虽然卷积神经网络是很有效的方法,但其结果从理论上却无法准确地进行解释,也就无法满足科研上的理论严谨性。特征学习方面,比如卷积核到底能学习到什么;模型架构设计方面,也即卷积层(包括卷积核数)、池化步骤和非线性变换的选择或组合及其参数确定到底有什么理论依据;此外,当前卷积神经网络的训练,要避免过拟合或提高模型的泛化能力及鲁棒性,需要大量的训练样本数据,而且神经网络模型的设计范式对最终的结果有很大的影响。

本节将着重介绍深度卷积神经网络的技术原理,并综述当前主流的多层卷积神经网络模型及未来发展的趋势。尤其重要的是,本研究通过层范式详细说明卷积神经网络的各种组件或单元或块及特点,概要介绍其技术原理与理论基础,并以期通过可视化的方法理解卷积神经网络执行过程的细节。

人工智能的发展得益于深层卷积神经网络技术的成熟应用及与其他交叉学科的深度

融合。本章总结了卷积神经网络模型的基础理论,为使学习者更好地理解卷积神经网络结构,首先由深度学习技术引出最先进的卷积神经网络;其次,对卷积神经网络架构的设计原理、构建模块和操作层范式等方面进行了详细说明;再次,回顾了主流的深度卷积神经网络体系架构;最后,结合新近的相关研究动态,综述了深度学习分类模型未来时期可能的发展趋势。

3.2　卷积神经网络原理

3.2.1　卷积网络架构

标准的人工神经网络结构,通常由输入层 x、输出层 y 和多个隐藏层 h_i 堆叠而构成,其中每个层还可能由多个单元组成。通常地,第 i 层每个隐藏单元 h_j 会接受上层所有单元的输入,并通过加权组合,其非线性组合的数学形式为

$$h_j = F\Big(\sum_i w_{ij} h_{j-1} + b_j \Big) \tag{3-1}$$

式中,w_{ij} 是权重值,用以控制输入单元和隐藏单元间连接的强度;b_j 是隐藏单元的偏置;$F(\cdot)$ 表示非线性函数,比如 Sigmoid 或 tanh 函数。

如图 3-1 所示,经典的卷积神经网络主要由卷积层、非线性变换层、归一化层和池化层四个基本处理层组成,完整的卷积神经网络则是由输入层、输出层以及许多交替地堆叠的卷积层、归一化层、空间池化层(也即降采样层或下采样层)和全连接层(也即密集层)等隐藏层构成。卷积神经网络中的卷积层是通过特定尺寸的滤波器提取的特征图像,卷积层可以表示为

$$H^k = G\big(F^k * H^{k-1} + b^k \big) \tag{3-2}$$

式中,H^k 表示模型中第 k 层的输出;F^k 是第 k 个卷积滤波器组;b^k 表示第 k 层的偏置;$G(\cdot)$ 是激活函数。

如果给定足够的已知标注数据,卷积神经网络可以获得较传统机器学习(ML)算法更优的分类结果。通常地,卷积层都联合非线性激活函数,例如校正线性单元(rectified linear units,ReLU)函数。此外,卷积操作之前最好有一个非线性变换单元,常见的非线性函数是校正线形单元(ReLU),其数学表达式如下:

$$\varphi(x) = \begin{cases} x & x \geq 0 \\ 0 & x < 0 \end{cases} \tag{3-3}$$

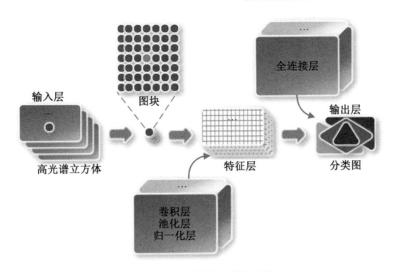

图3-1 典型的卷积神经网络

非线性变换后,通常会引入池化操作,比如平均池化操作,通过平均化感受野中的像素值,来综合考虑周围像素的特征。此外,空间池化层多是将空间上相邻的像素局部地聚合并进行特征分组,从而进一步提高神经网络模型对微小变形特征目标的鲁棒性。简单地讲,对下采样层来说,输入和输出维度不变,仅平面空间尺寸减小。

$$h_j^i = f[\beta_j^i \cdot \psi(h_j^{i-1}) + b_j^i] \tag{3-4}$$

式中,$\psi(\cdot)$表示一个下采样函数,即区域块中像素整体求和,可缩小平面空间维大小,且输出张量包含单独加乘偏量。

此外,可根据需要设定补零的层数,也称为补零层,即可根据卷积核和步幅的大小设置超参数,并对输入矩阵的大小进行调整,以使得卷积核恰好能滑动到图像的边缘。通常情况下,输入的图像矩阵、卷积核以及特征图都是矩阵(或方阵),假如设输入矩阵大小为w、卷积核大小为k、步幅为s、补零层数为p,则经过卷积后生成的特征图大小的计算公式为

$$w' = \frac{w+2p-k}{s} + 1 \tag{3-5}$$

经过多次卷积和池化操作后,全连接层能像普通的分类器一样执行更高级别的逻辑推理。归一化层通常是将输入数据转换为零均值和单位方差的标准数据,然后应用非线性变换。总体而言,大多数深度卷积神经网络模型结构都是基于这些构件或块,即卷积、非线性单元、归一化和池化操作。接下来,本章将进一步讨论卷积神经网络架构设计过程中,所涉及的构建模块及对应超参数的选择。

3.2.2 构建模块

尽管卷积神经网络在许多现实应用中具有较好的性能,但是仍然存在许多未能解决或无法解释的问题。本节将探讨卷积神经网络架构设计中层或操作的机理,主要介绍构建块(组件、单元或隐层),也即输入层、卷积层、非线性单元、归一化层、池化层和全连接层,而且

以上的操作及参数都可以由遗传算法编码,以表示卷积神经网络的基本对象。

1. 输入层

输入层作为卷积神经网络的输入,位于最底端或最前端,假设图像为输入数据时,即代表三维的数据张量,分别表示图像的行列数及深度,而深度维则表示色彩数、通道数或特征图数。从输入层开始,每一层的三维矩阵或张量通过不同的层操作变换成下层的三维张量,持续到密集层步骤。

2. 卷积层

卷积层是卷积神经网络中最核心的部分,卷积层中的单节点输入都是前层的单个小图块,和密集层有所不同,常见大小为 3×3 或 5×5。卷积层通过将每一个小图块进行更深层处理,以得到较抽象的高级特征,一般地讲,通过卷积层处理后输出张量的深度会较深,也即张量的深度会显著增加。总的来说,卷积是一种线性的且具有平移不变性的运算,通过对输入信号进行局部加权来实现,而权重聚合则是根据点扩散函数来确定的,也即不同的权重函数意味着不同性质的输入信号。具体地讲,卷积层使用滤波器对输入的多维数据执行卷积运算,滤波器可以看作一个多维矩阵,因顾及高光谱影像数据,这里仅考虑二维的卷积算子,也即二维滤波器。卷积核作为卷积神经网络的核心,通常是在每一层的局部感受野上将空间信息和特征维度的信息进行聚合或融合以获取全局信息或构造信息特征。

卷积操作执行过程中,滤波器行向以设定的步长水平滑动,然后列向以特定的步长垂直滑动,重复水平滑动和垂直滑动,直至覆盖完整图像景。图像的每个位置处会将每个滤波器值与相应的像素值进行相乘,并将结果相加求和以作为滤波器的输出,实现滤波器作用于图像。经过如上处理,滤波器会输出称为特征图的新矩阵,其水平步长和垂直步长称为步幅的宽度和高度。卷积层中,还允许多个滤波器同时存在,通常会大小相同,并且步幅也相同,从而生成一组特征图,特征图的数量将取决于卷积神经网络架构的具体参数,也可视作神经网络的宽度。也就是说,滤波器的数量由输出的特征图的数量和输入数据的空间尺寸决定。此外,应用多次相同的卷积运算时,如果设置为"相同"卷积操作模式,当没有足够的区域让滤波器重叠时,会将零填充到输入数据,输出的尺寸将与输入的大小一样;如果设置为"有效"卷积运算,将不填充任何空数值;如果设置为"完全"卷积运算模式,获得的输出尺寸将比输入尺寸更大。因此,卷积层的参数会直接决定特征图的数量、滤波器大小、步幅大小和卷积操作的类型。

3. 非线性单元

深度卷积神经网络通常都是高度非线性模型,因此通常会使用校正单元引入一个非线性函数,也称为激活函数,即将非线性函数应用到卷积层输出。常用的非线性函数有 Logistic 函数、Sigmoid 函数、tanh 函数、Softplus 函数、Rectifier 函数等,如图 3-2 所示。在这里,卷积神经网络中引入校正单元的目的,一方面是为了更好地解释模型,另一方面则是让模型更好地学习。

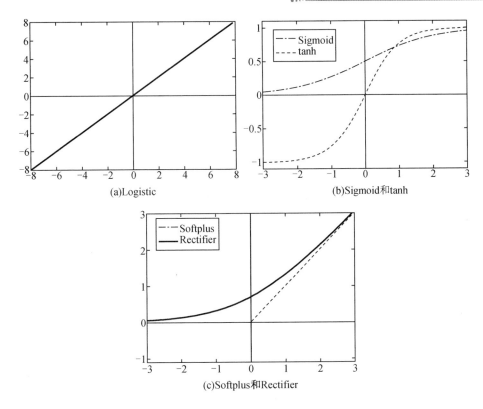

(a)Logistic

(b)Sigmoid和tanh

(c)Softplus和Rectifier

图3-2 多层卷积网络中的非线性激活函数

4. 归一化层

正如前文所述,多层神经网络中存在级联的非线性运算,使得多层神经网络都是高度非线性模型。除了校正非线性单元(ReLU)外,归一化操作同样是卷积神经网络架构中重要的非线性处理操作,比如局部响应归一化操作(local response normalization,LRN)、批归一化(batch normalization,BN)、分裂归一化(divisive normalization,DN)和组归一化(group normalization,GN)等。其中,批归一化(或称为正则化或标准化)可以计算输出层中的所有特征图的均值和标准差,并且利用这些统计值对其响应进行归一化处理,对应于"白化"处理数据,从而使得所有神经输出具有相同规模的响应,并且均值为零,不仅有助于训练,而且下一层不需要从输入的数据中学习偏移量,更专注于如何最好地组合特征。也就是说,归一化层可以显著地提高训练的精度,降低损失函数的损失值。

5. 池化层

卷积神经网络大多包含池化步骤,如图3-3所示,可提取特征在不同位置及规模上的变化,同时聚合不同特征映射的响应,与卷积神经架构中的卷积操作、归一化和非线性单元一样,池化操作也是受到生物学启发而提出的。其中,平均池化和最大池化是两个广泛使用的池化操作。

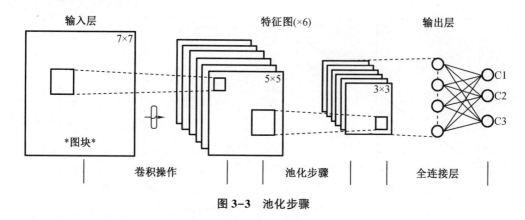

图 3-3　池化步骤

此外,池化层具有和卷积层相类似的参数,只是滤波器为无值核,池化核的输出是感受区域特征值的最大值、平均值或因变量值,而且输入数据的空间深度不会通过池化层改变,但可以缩小多维矩阵的大小。池化操作可视作将高分辨率的图像转化为低分辨率的图像。因此,池化层的参数是核大小、步幅大小和池化的类型。通过池化层,可以减少全连接层包含节点的数目以及整个网络训练参数的数量。

6. 全连接层

全连接层,或称为密集层,会包含在卷积神经网络的最后面,虽然很常见,但不是必需的构建块(或层),也即在特殊情况时,可以弃用全连接层。需要注意的是,卷积神经网络中使用的全连接层的数量和每个全连接层中的神经元数量都将决定深度卷积神经网络(DCNN)模型需要训练的参数的数量。通常地,经过多轮的卷积层和池化层等处理之后,图像中包含的特征信息会被高度地抽象为信息量较高的高级特征,当提取特征之后,再使用密集层实现分类输出,因而卷积神经网络的末尾一般都会包含 1 至 2 个甚至更多的全连接层,以给出最终的分类结果。Softmax 层会包含在全连接层最后面(顶层或末层),主要用于多分类的问题,可得到样本归属于不同地物类别的概率值。

以上介绍的层或操作都是标准形式的卷积神经网络模型的构件,任一神经元和前一层的任何神经元之间都存在关联,矩阵运算的过程也很简单和直接,而且很多卷积神经网络架构的末层(或称为顶层)都会采用全连接层去学习更多的信息。

3.2.3　操作层范式

深度卷积神经网络模型的网络架构设计方面,也即卷积层、池化步骤和非线性(nonlinear)变换等操作的选择或组合及其参数确定,目前还没有科学的理论依据。但是,经验上特定的操作层范式及参数配置,对于提高卷积神经网络的性能,有着非常重要的贡献。

1. 层序的范式

卷积神经网络架构中常见的层操作类型有卷积层(CONV)、池化层(POOL)、激活函数(ACT 或 ReLU)、批归一化层(Batch Normalization,BN)、全连接层(FC)和丢弃层(Dropout,DO),其中常见的组合形式如下。

范式 3-1　INPUT→[[CONV→ReLU]*N→POOL?]*M→[FC→ReLU]*K→FC

需要注意的是，*操作符代表重复一次或者多次；? 操作符代表是可选操作，可以出现0次或者多次，对于以上重复次数的常见选择或推荐数量是

$$\begin{cases} 0 \leq N \leq 3 \\ M \geq 0 \\ 0 \leq K \leq 2 \end{cases} \tag{3-6}$$

卷积神经网络架构中，连续地堆叠多个卷积层和 ReLU 层，再加一个池化层，重复这个模式，图像尺寸已经变得非常小，然后再用全连接层控制模型的最终输出。除范式 3-1 之外，常见的范式组合还包括以下几种模式。

范式 3-2　INPUT→FC

范式 3-3　INPUT→[CONV→ReLU]→FC

范式 3-4　INPUT→[CONV→ReLU→POOL]*M→[FC→ReLU]→FC

范式 3-5　INPUT→[[CONV→ReLU]*N→POOL]*M→[FC→ReLU]*K→FC

范式 3-6　INPUT→[FC→ReLU]*K→FC

需要注意的是，范式 3-2 实际上是实现了一个线性分类器，也即 $N=M=K=0$。总结一下：(1)池化层之间有单一的卷积层；(2)每个池化层之前堆叠两个卷积层，对于更大或更深的神经卷积网络来说更好，因为多个叠加的卷积层在破坏性池化操作之前可以挖掘更复杂的输入卷积特征。但是，以上并没有谈及批归一化层(batch normalization，BN)的位置，BN层的位置主要有三种：

范式 3-7　INPUT→[CONV→BN→ReLU]*W→⋯

范式 3-8　INPUT→[CONV→ReLU→BN]*W→⋯

范式 3-9　INPUT→[ReLU→CONV→BN]*W→⋯

其中，范式 3-7 是在激活函数前归一化，范式 3-8 是激活函数后归一化，而范式 3-9 则是范式 3-7 的变体形式。需要注意的是，大多数情况下，使用激活函数后归一化，也即范式3-8，可以使得深度学习分类模型实现更高的精度。

2.层参的配置

输入层(input layer)：控制一个多维矩阵或张量，包含尺寸元组(整数)，再根据底层端的区别，通过字符串"channels_last"或"channels_first"控制输入各维度的顺序，也即前者代表尺寸是(batch，height，width，channels)的输入张量，而后者代表尺寸是(batch，channels，height，width)的输入张量，批大小多设置为 2 的整数次幂，比如 32,64,128 和 256 等。

卷积层(conv layer)：使用滤波器、步幅，如果不能刚好拟合输入层，还需要边缘补零，如果使用"相同"卷积模式，那么输出大小将与输入一样。卷积层的结构参数定义如下：

(1)卷积核(kernel)：定义卷积操作的感受野，二维卷积通常设置为 3,5 或 7，也即卷积核大小为 3×3、5×5 和 7×7。

(2)步幅(stride)：定义卷积核遍历时的步幅大小，默认设置为 1。当步幅设置为 2 时，对图像进行降采样，这样的方式与最大池化类似。

(3)填充(padding)：定义卷积层处理样本边界的方式。当卷积核以"相同"方式进行边

界填充时,输出数据的空间尺寸将与输入相同。当卷积核大于1,而且不进行边界填充时,输出尺寸也会相应缩小。

(4)通道(channels):定义卷积层时,需定义输入通道(I),并确定输出通道(O)。由此,可计算出每个卷积网络层的参数量为$I×O×K$,其中K为卷积核的参数个数。例如,卷积网络层有64个滤波器,卷积核的大小为3×3,则对应K值为3×3=9。

池化层(pooling layer):与卷积层相似,需要设置单一的无值池化核(也即没有核数目)以及步幅和填充的方式。池化核的大小是用2个整数表示的元组,也即沿垂直或水平方向缩小比例的因数,通常设置为2×2、3×3和5×5。例如,池化核大小为2×2会把输入张量的两个维度都缩小一半。需要注意的是,池化操作能改变特征层的空间大小,但是不会影响卷积网络层的深度。

全连接层(fully-connected layer):也叫密集层(dense layer)需要定义输出的空间维度(常用参数"units"表示),通常设置为类别的个数以及按逐个元素计算的激活函数。全连接层中每层的任一个结点都会与前一层的所有结点相关联,用以综合提取到的特征。由于其全相连的特性,一般全连接层的参数也是最多的。

3.3　神经网络架构体系

深度卷积神经网络和深度学习算法,因为在科研任务与工业场景中都取得了显著的优异性能,所以广受研究人员的欢迎。尤其是,取得显著成功的深度卷积神经网络,通常是由于优异的神经网络架构设计。因此,以下小节中,回顾了近年来出现的主流深度卷积神经网络体系架构和最新近的发展趋势。

3.3.1　主流体系架构

伴随高性能图形计算单元(graphics processing unit,GPU)机器处理能力的提升、海量的训练数据集的出现,以及更先进的算法技术的涌现,深度学习(DL)技术迎来了快速的发展机遇,出现了许多主流的卷积神经网络体系架构。

近年来,深度学习分类模型的性能得到了指数级的提升,并成为人工智能领域最活跃的研究领域。事实上,深度学习的历史并不长,LeCun等提出了卷积神经网络后,经历了许多年的沉淀,涌现了许多卷积神经网络领域主流的体系架构,如图3-4和3-5所示。

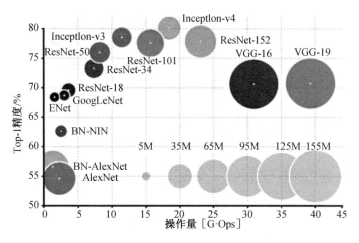

图 3-4 主流神经网络架构的 **Top-1** 精度

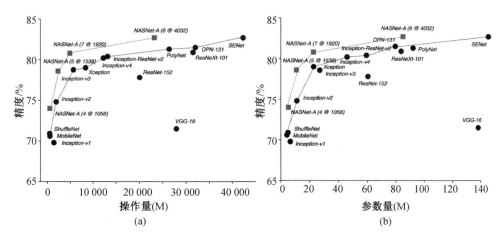

图 3-5 精度与操作量和参数量的关系

1. LeNet(1998)

LeNet-5 网络是很简单的卷积神经网络,包含了深度学习模型的基本构建模块,比如卷积层、池化层和全连接层,由 LeCun 提出。

2. AlexNet(2012)

AlexNet 网络是更深入和更广泛的 LeNet 进化版本,由 Krizhevsky 提出,取得了 15.4% 的 Top-5 错误率,并导致了近年来深度学习和卷积神经网络研究的爆发性增长。AlexNet 网络与 LeNet 网络具有非常相似的架构构成,但是更深、更大,并且卷积层彼此堆叠,不像一个卷积层总是紧接着池化层。

3. ZFNet(2013)

ZFNet 网络通过调整神经网络架构的超参数来改进 AlexNet 网络,并引入了新颖的可视化技术,由 Zeiler 和 Fergus 提出,其精度超过 AlexNet 网络,并达到 11.2% 的错误率。

4. GoogLeNet(2014)

GoogLeNet 网络通过构建初始模块,也即 Inception 模块,减少卷积神经网络中的参数数量,并在卷积网络的顶部使用平均池化层而不是全连接层(fully-connected layers,FC),从而减少大量次要的参数,是由 Szegedy 等提出的,精度达到 6.7%的错误率。GoogLeNet 的模型架构利用非序列化的并行方式来提高模型的性能,极大地改善了计算资源的利用效率,其计算代价在深度和宽度增加的情况下仍然能保持常数。另外,GoogLeNet 之后还出现了许多后续的版本,比如最近的 Inception-V4 等。

5. VGGNet(2014)

VGGNet 网络贡献在于显性地通过增加卷积网络的层数(深度)来提高多层神经网络的性能,是由 Simonyan 和 Zisserman 提出的,最佳精度能达到 7.5%的错误率。VGGNet 网络具有非常均匀的架构,从头到尾只执行 3×3 卷积和 2×2 池化。其缺点是需要更大的评估代价、更多的训练参数数量和更多的内存开销。其中,大多参数位于第一个全连接层,因为 VGGNet 发现移除部分全连接层(FC)并不会降低模型的性能,可极大地减少训练参数的数量。

6. DRN(2015)

DRN 网络是迄今为止最先进的卷积神经网络模型,具有特殊的跳跃连接和使用批归一化(batch normalization,BN),是由 He 等提出的,精度达到 3.57%的错误率,超过了人类识别 5%~10%的水平。DRN 网络更加容易优化,神经网络模型的顶端没有使用全连接层,能从卷积网络层数的增加实现显著的精度提升。

7. Wide ResNet(2016)

Wide ResNet 是由 Zagoruyko 和 Komodakis 提出的一种新颖的神经网络模型架构,通过减小 DRN 网络的深度,来扩大卷积网络的宽度,从而得到一种能充分使用模型特征的新型残差学习网络,而且确实有效。DRN 网络的增加深度可提高性能,而 Wide ResNet 则是考虑了宽度问题,研究结果发现增加卷积网络的宽度确实也能改进模型的性能。

8. DenseNet(2016)

DenseNet 网络是由 Huang 等提出的,能在基准测试任务上获得最先进的性能,架构设计上表现出显著的改进。DenseNet 网络是在前馈过程中将每一层与其他的层都联结起来,也即对于卷积网络的每一层来说,前面所有的特征图都被联结起来作为输入,同时该层输出的特征图也会被其他网络层作为输入。DenseNet 网络能缓解梯度消失的问题,并强化特征的传播和特征的复用,减少了模型的训练参数量,相较于 DRN 网络,所需的内存消耗和计算资源更少,能实现更好的性能。

9. SqueezeNet(2016)

SqueezeNet 网络是由 Iandola 等提出的,能够说明小规模的网络及其参数设计能够得到较好的神经网络架构,避免使用过于复杂的模型压缩算法。SqueezeNet 网络是 ResNet 和 Inception 中的许多概念的重新散列,通过构建 Fire 模块,并减少参数来进行模型压缩。随着卷积神经网络性能的要求越来越高,网络层数也不断增加,虽然性能得到提高,但带来的就是效率问题,通常的方法是进行模型压缩。通过对训练好的模型进行压缩,可使卷积网络保留更少的网络参数,以解决内存耗费大以及模型存储和预测速度的问题。

10. ResNeXt(2017)

ResNeXt 采用均匀多分支的高度模块化的神经网络结构,是由 Xie 等提出的。ResNeXt

网络只需要设置很少的超参数,对于新维度的策略是基于称为"基数"的模块,也即变换集的大小展开时,相较单纯地增加深度和宽度而言更有效,并且该卷积网络结构的精度要高于 DRN 和 Wide ResNet 网络。ResNeXt 网络架构使用"基数"模块,使得每个被聚合的变换集的拓扑结构都是一样的。这和 Inception 模块有很大差别,可在不增加模型复杂度的情况下提高精度,更减少了超参数的数量。

11. SENet(2018)

缩聚-激发网络(squeeze-and-excitation networks,SENet)是由 Hu 等提出的,Top-5 错误率为 2.25%,能在不引入新空间维度的情况下,使用"特征重标定"的策略来对特征进行处理。SENet 网络包含特征压缩、激发和重配权重等过程,激发操作意味着特征通道权重计算。SENet 网络的核心思想在于根据损失去学习特征权重,使有效的特征图权重大,无效或效果小的特征图权重小,通过这样的方式训练模型达到更好的结果。

12. NASNet(2016)

NASNet 网络使得小数据集上自动设计出卷积神经网络架构,并利用迁移学习应用到大数据集或其他任务,这是由 Zoph 等提出的。NASNet 网络的核心原理是自动设计和生成神经网络架构,利用循环神经网络控制器去预测一个卷积神经网络架构,然后训练该神经网络模型直至收敛,并在测试集上测试得到一个精度 R,并将精度 R 作为奖励信号反馈给 RNN 控制器去更新其参数,从而生成更好的神经网络架构。

NASNet 网络是为了生成可扩展的神经网络架构,其设计的卷积单元主要包括:(1)常规单元,不改变输入特征图的大小;(2)约简单元,将输入特征图的长宽各减少为原来的一半,也即通过增加步幅的大小来降低网络层空间尺寸的大小。RNN 控制器便是用来预测这两种单元的。

3.3.2 发展的趋势

深度卷积神经网络模型在科研任务和工业场景中取得了优异的性能表现,如何理解卷积网络模型的工作方式和探索卷积网络架构的有效性等相关研究仍然不足,也即需要研究出更科学和直观的方法以理解卷积结构的机理。具体地讲,主要涉及对滤波器和特征图等卷积结构的可视化分析、引入胶囊神经网络思想、控制网络设计和生成过程自动化以及卷积网络轻量化学习。

1. 卷积的可视化分析

卷积的可视化,包括数据驱动的可视化和模型驱动的可视化。其中,数据驱动的可视化是以研究的数据为中心,依靠输入的数据来测试神经网络和找到最大的响应单元,例如采用反卷积(deconvolution,DeConvNet)或转置卷积操作。模型驱动的可视化则仅使用网络参数,不需要任何数据,最早用于深度置信网络(deep belief network,DBN)的可视化分析,后来才用于卷积神经网络结构。简单地说,模型驱动的可视化通过合成图像来显示最大化部分神经元(或滤波器)的响应。需要注意的是,卷积的可视化需要一个客观评估基准来评价在同样条件下生成的可视化结果,也即更多地采用标准化的方法或基于指标的评估方法,而不是仅解释性地分析。

2. 胶囊神经网络

卷积神经网络在目标检测和分类等计算机视觉任务中取得优异性能,由多个神经元堆叠组成,可学习数据的许多复杂特征。如果识别对象处于未学习的方向,或是从未见过的地方,也即破坏固有的空间特征关系,则很可能导致预测错误。也就是说,卷积神经网络仅学习统计信息,而没有学习思维。因此,Sabour 等提出胶囊神经网络(CapsNet)和动态路由算法,主要学习神经科学思想,推测人类大脑有某种机制,可将低层次的视觉信息通过胶囊系统进行传递,而且能够处理目标的姿态(大小、位置、方向)、反照率、色调、纹理、变形和速度等实例化的实体特征。胶囊不仅能表示图像中特定实体的各种特性,也即实例化参数,而且能通过胶囊长度表示实体存在的概率,也即实例化实体的存在性。

3. 控制设计和生成自动化

神经网络架构设计时,通过增加先验知识控制网络结构,可最大限度地降低所需学习的模型参数,比如减少滤波器的数量。也就是说,相较于完全学习,可通过受控的方式对神经网络中的运算和表征进行分析,因此有很大的研究前景。卷积网络结构的控制设计主要包括:(1)基于特定任务的先验知识,逐层固定卷积网络的超参数并分析参数的影响,例如分别固定每层的卷积核的参数,以分析每层卷积核的适用性,通过逐层渐进式的控制方式,有助于解释卷积学习的作用,还可作为最小化训练模型时间的初始化方法;(2)可通过分析输入的特征,来研究特定的神经网络结构设计,比如卷积层的数量或卷积层中滤波器的数量,有助于设计出最佳的模型架构;(3)采用受控方式分析神经网络结构的同时,系统性地研究神经网络的其他方面,比如固定大多数参数,以研究各种功能操作层或残差连接的具体作用。

3.4　深度模型进展

深度学习在处理和图结构数据相关的任务中越来越受到科学界的关注。传统的机器学习发展到以卷积神经网络为代表的深度学习,与之相应的,传统的基于图的学习(或称为图机器学习,比如随机游走、流形嵌入、网络嵌入、图核变换等)也发展到基于图的深度学习(或称为几何深度学习)。

具有几十甚至数百个相邻窄谱段的高光谱影像无疑是高光谱遥感研究的典型特点。特别是,从规则网格到不规则域的转换,使得高光谱数据不仅可以适应传统以卷积神经网络为代表的深度学习,而且可以适应以图卷积网络为代表的基于图的机器学习乃至深度学习,能更好地刻画类别的边界和建模特征间的关系,以及表达长远程信息和表征全局关联。

与此同时,现有的图神经网络模型主要包括了光谱域(简称谱域)、空间域和池化(或称为粗糙化)三个方面。本书研究主要关注谱域图神经网络,因此相较于已有的图神经网络,主要围绕图信号处理或谱图理论知识,并对基于谱域的图神经网络最新进展进行了总结。

3.4.1 传统深度学习

目前,深度学习已经在科研界和工业界取得了巨大成功,而且广受认可。深度学习的主要特点是堆叠多层的神经网络层(比如卷积层),从而具有更好的表示学习能力,使得其具有自动特征工程和深层特征抽象的能力。

深度学习依靠深层次的抽象表征能力,给高光谱遥感智能信息提取带来显著的技术变革。卷积神经网络作为传统深度学习模型阶段性的典型代表,在分析 HSI 方面取得了很有前景的结果。特别是,CNN 的局部核可以有效地识别出超出其空间位置的相同或相似特征。

深度学习作为一种数据驱动的机器学习技术,无疑给高光谱遥感影像处理和分析带来了巨大的发展前景。近些年,CNN 也逐渐地从图像、视频和语音表示的高维规则网格推广到由图表示的低维不规则域,比如采用词袋(bag-of-word,BoW)方法分析图像。

总而言之,深度学习技术的巨大成功主要源自可以从欧氏数据(或图像)中提取出有效的特征表示,从而可进行高效的影像处理。另一个原因则是得益于 GPU 加速技术的快速发展和广泛应用,使得深度学习模型体现出强大的算力,尤其能够在大规模甚至是超大规模的专业数据集中训练具有较强泛化能力的深度学习模型。

3.4.2 卷积神经网络

如图 3-6 所示,卷积神经网络核心思想是利用卷积核实现卷积操作,通过参数共享和局部连接性实现自动特征学习。另外,CNN 的每一个卷积层都是在前一层的基础上进行的,网络层越多则特征越抽象或者说越高级,因此具有层次化表达的能力。

因为 CNN 具有平移不变性、局部性和组合性,因此,其非常适用于处理像图像这样的欧氏结构数据。欧氏数据结构的特点是节点有固定的排列规则和顺序,也称为网格或阵列式。非欧氏数据结构中的节点没有固定的排列规则和顺序,使得其不能直接将常见的深度学习模型直接迁移到处理非欧氏结构数据的任务。

虽然 CNN 在具有网格状结构数据的领域中取得了成功,但是基于 CNN 的方法存在着诸多先前研究总结出来的若干固有缺陷,即:(1)只适应规则的方形,而不考虑对象区域的几何形状变化;(2)由于卷积核具有固定的形状、大小和权重,在卷积处理图块时很难捕获类边界的有价值信息;(3)通常需要较长的训练时间来拟合大量的神经网络参数;(4)无法建模样本或特征之间的拓扑关系,无论是局部特征提取还是非局部(或称为全局)特征提取。

总之,CNN 在图像识别、自然语言处理(natural language processin,NLP)等多个领域具有优异的性能,但只能高效地处理网格和序列等欧氏结构数据,不能有效地处理像社交网络数据、知识图谱数据、地理空间数据等复杂的非欧氏结构数据。

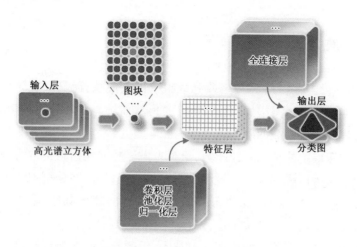

图 3-6   典型的卷积神经网络

3.4.3　几何深度学习

随着学者们对几何深度学习或者图深度学习越来越感兴趣,许多研究试图将传统的深度学习方法推广到非欧氏结构数据,如图(graphs)和流形(manifolds)。如图 3-7 所示,也即将图像卷积扩展到图卷积,并应用于网络分析、计算社会科学或计算机图形学等各个领域。

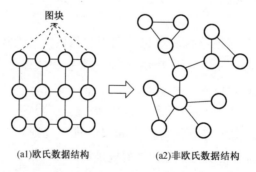

(a1)欧氏数据结构　　　　　　　(a2)非欧氏数据结构

(a)欧氏(阵列或格网)和非欧氏(图)数据结构

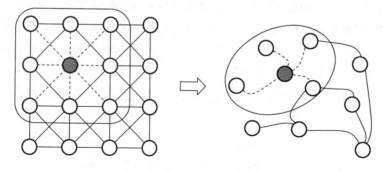

(b)图像卷积和图卷积操作

图 3-7   深度学习到图深度学习的进化

图是一种非欧氏结构数据的通用表示,可以编码复杂的几何结构。基于图的表示可以用来为各种现实问题和科学领域建模。在这种大的背景下,近年来关于图表示学习和图神经网络的新算法、新应用越来越受到科学界的广泛关注。

对于如何将图像卷积扩展到图卷积,主要的思路就是借助谱图理论来实现在拓扑图上的卷积操作,即处理定义在图上的非规则域信号,大致步骤为将空间域中的拓扑图结构通过傅里叶变换映射到频域中并进行卷积,然后利用逆变换返回空间域,从而实现图上卷积操作。

由于几何图深度学习具有处理图数据的优势,图中包含节点、边和整个图结构(甚至包含多个子图),因此涉及特定的处理任务,GNN 的处理任务也需要分别从节点级别、边级别、子图和整个图级别出发。本研究就是在节点级别进行高光谱影像分类。具体地,边级别可以完成链路预测任务,可用于推荐系统等任务。子图或整图级别则可以完成对整个图属性的预测,比如在生化预测任务中,可以实现对某个分子是否产生变异进行预测。

3.5　图神经网络

图是一种非欧氏结构化数据的通用表示,是图神经网络能够有效处理的数据形式。图神经网络可视作深度学习的子领域,旨在对图描述的数据进行推理。由于图机器学习(graph machine learning,GML)提供了不同的可能性,根据大量已经发现的图应用,GNN 已经成功地应用于各个领域,以解决各种科学任务。通常,GNN 具有消息传递层、池化层和全局池化层。消息传递层的作用是计算图中每个节点的表示,利用来自其邻居的本地信息(消息),参见图 3-8。池化层(或称为粗糙化层)的作用是通过聚合或丢弃冗余信息来减小图的大小,如此 GNN 就可以学习输入数据的多层表示。全局池化层将图节点简化为单个向量,并将其输入多层感知器进行分类或回归。

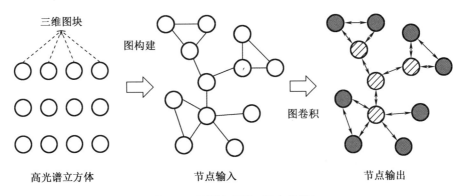

图 3-8　图神经网络(消息传递)

图神经网络同样是先进的深度学习方法,旨在对图描述的数据进行推理。在过去的几年中,基于图学习算法的 HSI 分类方法研究得到了科学界很大的关注。因此,这里简要地对已有的科研成果进行归纳。高光谱数据通常驻留在非线性子流形上,导致线性算法的效率低下。基于流形学习的算法已被应用于 HSI 非线性结构的探究。同时,基于图的半监督学习通常可以从标注样本和未标注样本中构造一个图,用于流形表示。Ma 等介绍了在局部流形学习方面的研究,通过找到非线性数据点之间的关系来保留每个邻域的局部几何信息。

基于稀疏表示的图学习算法擅于获取样本与权重之间的邻接关系。Tan 等结合稀疏表示和基于判别分析的正则化协作表示,构造了块稀疏图进行 HSI 分类。Luo 等采用基于稀疏表示的流形学习来说明 HSI 的流形结构。De Morsier 等假设高光谱数据位于流形的结合上,提出了一种具有核低秩和稀疏子空间聚类的图表示方法,用于 HSI 分类。基于之前的研究成果,Shao 等提出了一种概率类结构来估计每个样本点与整个数据的每个类之间的概率关系。此后,Hong 等提出了一种基于图的半监督学习方法,用于分析标记样本的判别行为,以评估类别的可分离性。

由于单靠光谱信息对区分不同的地物类别不是很有效,因此学者们考虑通过综合利用空间邻域信息和光谱域信息来实现最优异的分类性能。Camps-Valls 等提出了一种基于图的复合核模型,用于半监督方式学习光谱-空间信息。Gao 等提出了一种基于双层图的框架,以克服训练数据有限和类复合分布的挑战。Martínez-Usó 等提出了一种基于概率松弛理论的直推式(transductive)方法,进行基于图的半监督学习。Wang 等通过构造光谱-空间图对新引入的样本进行分类,而未标注的样本可以根据空间信息随机选择。Luo 等提出了一种考虑空间和光谱信息的基于图的神经网络模型。

基于稀疏表示的图半监督学习技术与空谱特征学习相结合,已被证明可以有效地提高分类性能。Kruse 等构造了一个超图(hypergraph)模型来探索训练样本之间的高阶关系,然后基于局部约束的低秩表示方法进行了半监督超图学习。Chen 等进行了双稀疏图判别分析,基于挖掘数据点之间的正、负关系,以半监督的方式实现 HSI 降维。Xue 等采用稀疏图正则化方法获得更精确的分类结果图。Aydemir 和 Bilgin 使用减法聚类来选择训练样本,并提取核稀疏表示特征来拟合支持向量机分类器。

3.5.1　图卷积神经网络

如图 3-9 所示,卷积神经网络中的卷积计算相较于图卷积网络中的图卷积计算,最大的区别是没有显式地表达出邻接矩阵。其实,图像数据也可以看作一种结构非常规则的特殊图数据。只是图数据中,往往单个节点附近的邻域结构是千差万别的,数据之间的关系也较为复杂多样。因此,GCN 中的卷积计算适用于处理更普遍的非结构化的图数据。

某种意义上讲,GCN 代表了图神经网络的新近发展趋势。目前,现有的大多数图深度网络模型多围绕 GCN 的变化推导而来,主要包括基于光谱域方法、空间域方法和池化三个方面。特别是,图卷积网络在量化不规则域高光谱数据的非线性特征方面得到了科学界越来越多的关注。

例如,Avelar 等提出了一种基于图神经网络的高光谱影像分类算法,将输入图像转换为区域邻接图,其中区域为超像素(superpixels),也即边连接相邻的超像素。基于图的卷积神经网络具有独特的特征,能够处理非欧氏(或非网格)数据结构中的不规则图像区域,甚至包含多个图输入,可以通过多尺度邻域动态更新和细化。这里,简单地对 GCN 在高光谱影像分类领域的最新进展做回顾。

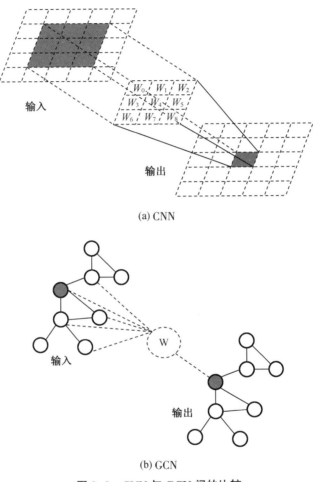

(a) CNN

(b) GCN

图 3-9   CNN 与 GCN 间的比较

考虑到以 CNN 为代表的深度学习模型需要大量标注数据,无法解决小样本(small sample 或 few-shot)分类问题,Liu 等利用图卷积网络研究了 HSI 分类的问题。为了解决类内多样性(within-class diversity)和类间相似性(between-class similarity)问题,Wang 等提出了一种用于高光谱影像分类的判别式图卷积网络(也即 DGCN)。Zhao 等提出了一种基于光谱-空间特征的多尺度图卷积网络(MSGCN),用于 HSI 分类。Zhang 等提出了一种监督的全局随机图卷积网络(即称为 GRGCN)。为了解决现有训练样本数量少的问题,He 等提出了一种双图卷积网络(也即 DGCN),用于训练样本有限的 HSI 监督分类模型。为了充分利用多层次特征,Guo 等提出了一种新型的 CNN 组合图残差网络(也即 C^{2}GRN),该网络集成了多级图残差模块和光谱-空间连续特征学习模块。为了考虑如何提高图网络的能力,

并将 GCN 应用于确定地球表面材质和克服梯度消失的问题,Hong 等开发了一种新颖的
mini-batch GCN(也称为 miniGCN)模型用于 HSI 分类。

采用以 GCN 为代表的图深度网络模型在量化从高光谱数据转换的不规则图的非线性
特征提取方面受到了越来越多的关注。在这方面,基于图的卷积神经网络相对有希望克服
上述缺陷,并表现出优异的特性,比如:(1)在非欧氏(或非网格)数据结构中对不规则图像
区域进行精确处理;(2)多个图输入可以用多尺度邻域进行动态地更新和精化。

然而,原始的 GCN 可能难以聚合新加入的节点,然后这些方法可能无法理解图场景的
全局和上下文信息。一方面,标准的图卷积核忽略了数据点之间的内在联系,导致区域描
述较差,预测误差较大。另一方面,因为 GCN 难以聚合新的节点,所以可将注意力机制引入
每个像素或者节点的图卷积运算中,根据其空谱相似度对不同的相邻像素或节点产生不同
的权值。

3.5.2　图注意力网络

注意力机制集中在处理最相关的输入部分,以做出有效的决策,允许处理大小可变的
输入。与此同时,图注意力网络(graph attention network, GAT)是一种基于图的深度网络架
构,运行在图结构的数据上,利用隐藏的自注意力层来克服基于图卷积或其近似的现有方
法的已知缺点。

换言之,通过将注意力机制引入图神经网络中对邻居节点聚合的过程中,提出图注意
力网络,可以改进图卷积方法,从而可以构建更强大的图深度网络模型,在处理具体的任务
时能够取得更好的性能。其核心思想是利用图注意力层得到各个邻居节点的权重,然后利
用不同权重的邻居节点更新出中心节点的表示。图 3-10(a)表示应用 LeakyReLU 激活函
数进行权重向量参数化,图 3-10(b)表示多头注意力,不同箭头表示独立的注意力计算。

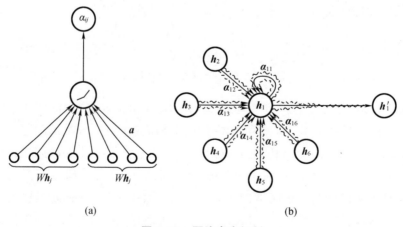

(a)　　　　　　　　(b)

图 3-10　图注意力机制

特别是,注意力机制的优势在于允许可变大小的输入,注意力机制只关心最重要的部分,最后做出决策处理,因此其在处理类似序列数据的任务中表现出强大的能力。此外现有文献也表明,图注意力网络能够有效地处理图结构化表示的高光谱遥感数据,利用隐藏的自注意力层来克服以往基于图卷积或其近似框架的已知固有缺点。

最近的研究进展表明,Wang 等设计了一种以多个嵌入空间的光谱金字塔形式对多个光谱上下文信息进行编码的体系结构,同时基于光谱特征空间中的连接,采用基于图的注意力机制在空间域(spatial domain)显式地执行可解释推理。Ding 等提出了一种基于图采样和聚合注意力的新型半监督图网络用于高光谱影像分类。考虑到每个高光谱影像像素所代表的地物类型可能由不同理化性质的非欧氏结构组成,Bai 等提出了一种基于深度注意力图卷积网络的框架,以处理高光谱遥感影像数据规模和波段数量的增加,从而可能导致不同波段之间的复杂相关性。

3.5.3 其他图神经网络

图神经网络具有多种分支,主流算法除了图卷积网络外,还包括有图自编码器(graph auto-encoder,GAE)、图生成对抗网络(graph generation adversarial network,GGAN)、图循环神经网络(graph recurrent neural network,GRN)以及图注意力网络(GAT)等图卷积网络变种,它们都有对图结构数据处理的方法体系。本书研究主要关注于最流行的图卷积网络与图注意力网络在高光谱影像分类任务中的应用。

图卷积网络(graph convolutional network,GCN)进行图上节点卷积操作,主要有两种方法:一种是基于光谱分解,也即谱分解或谱域图卷积;另一种是基于节点空间变换,即空间图卷积或空间域图卷积。本书研究主要关注于光谱域图神经网络,其次是图学习研究的对象,主要是针对图中节点分类问题。注意力机制可以让图神经网络只关注学习重要的信息,从而选择特定的输入,通过引入注意力机制可以让图神经网络关注对任务更加相关或重要的节点和边,进而提升模型训练的有效性和预测的精度,并由此生成图注意力网络。

对于其他的图神经网络,图自编码器可以半监督或者无监督地学习图节点信息。图生成对抗网络主要是结合生成对抗学习或生成对抗网络(generative adversarial network,GAN)理论来生成图数据,使用一定的规则对节点和边进行重新组合,最终生成具有特定属性和要求的目标图。图循环神经网络(GRN)通常将图数据转换为序列,并且在训练的过程中序列会不断地递归变化和演进。

尽管 GAT 对于计算机视觉任务能取得相较于 GCN 更优的分类精度,但是在本研究高光谱影像分类实验中,其分类精度稍劣于 GCN,而且需要约 2 倍的训练和预测时间。现有的研究表明,附加的数据去噪会有助于下游的高光谱遥感影像处理和分析,对于高光谱影像数据增强和分类任务,原始数据上增加额外的噪声,可以减轻图学习模型过平滑的问题。无论是 GCN 还是 GAT 模型,对于简单地增加处理层的个数,都面临精度下降的问题,增加样本复杂性或借助残差学习是一个解决途径,这在某种意义上说明高光谱图块数据的复杂性不足。

总的来说,图神经网络(GNN)在理论上和实践上都被证实是对图结构数据处理的一种有效方法和框架,尽管不同种类的原理和适用的范围有一定差别。在实际操作当中,往往需要根据图的分布和特征信息以及特定任务的实际需求,选择合适或最佳的图神经网络(GNN),来更加有效地学习图结构数据。

第4章 卷积与胶囊组合网络分类模型

4.1 本 章 概 述

深度学习技术的出现,显著地提高了高光谱影像分类的性能。特别是,卷积神经网络已经表现出优于传统机器学习算法的性能。Geoffrey Hinton 的研究团队,于 2017 年提出了一种称为胶囊神经网络(capsule neural network,CapsNet 或 CAP)的新型神经网络架构,以改进卷积神经网络,并克服卷积神经网络存在的缺点。本研究提出了一种准两层胶囊神经网络架构,使用有限的训练样本,其灵感来自浅层、深度学习模型的可比性和简单性。本研究所提出的胶囊神经网络,使用两个真实的高光谱数据集来训练,即 PaviaU(Pavia of University,PU)和 SalinasA(Salinas-A,SA)数据集,分别代表复杂和简单的数据集,用于研究每个深度卷积神经网络分类模型或分类器的鲁棒性和分类结果精度。

此外,本研究提出了一种可比较的平行(或称为肩并肩)网络框架设计范式,用于卷积神经网络和胶囊神经网络的比较。实验表明,与最先进的卷积神经网络相比,本研究提出的胶囊神经网络对复杂的高光谱数据表现出更好的精度和收敛行为。对于使用 PU 数据集的胶囊神经网络,Kappa 系数、总体精度和平均精度分别为 0.945 6,95.90% 和 96.27%,而卷积神经网络获得的相应值分别为 0.934 5,95.11% 和 95.63%。另外,本研究观察到胶囊神经网络对后验的预测概率具有更高的置信度。随后,利用概率图和不确定性分析对该发现进行了分析和讨论。就现有文献而言,与卷积神经网络和两个基线分类器,也即支持向量机(support vector machine,SVM)和随机森林(random forest,RF)相比,胶囊神经网络提供了理想的结果且具有明显的优点。

针对高光谱影像分类,Luo 等首次改进了胶囊神经网络,并且尝试应用胶囊神经网络以适应高维的高光谱影像数据,然而相于于卷积神经网络,发现胶囊神经网络没有取得预期的效果,并且没有深入的说明和分析,比如两种网络是否结构上具有可比性等。而一般地,一种可互相公平比较的方法,多依赖于分类结果图和分类精度的比较。因而,本研究尝试使得卷积神经网络和胶囊神经网络尽可能地可互相公平比较,以便于进行更深入的研究和改进。这正是本研究将两种不同的神经网络架构放置在同一框架中,并设计出一种可互相比较的平行(或肩并肩)网络框架范式的目的。因而,这项研究的工作目标是将最先进的胶囊神经网络引入高光谱影像分类任务中,并将卷积神经网络和胶囊神经网络公平地进行比较。如图 4-1 所示,本研究提供了胶囊神经网络实现高光谱影像分类的概念化描述,以更好地阐明这项研究的内在逻辑。

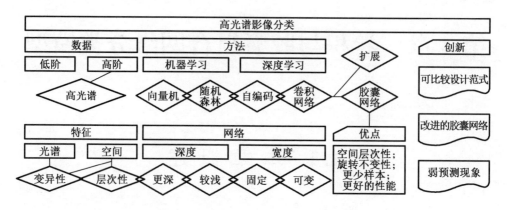

图4-1 胶囊神经网络实现高光谱影像分类

高光谱影像分类研究,通常关注于光谱域或空间域的信息,例如三维(3D)卷积神经网络,并且考虑了光谱和空间变异性;然而,特征间的空间层次性很少被研究。特征间的空间层次性涉及基于空间上感知关系的特征、尺寸、位置、上下文和金字塔,甚至超度量(hypermetric)等。本研究的科学价值在于:(1)提出了一种改进的准两层胶囊神经网络,使用有限的训练样本数据,实现高光谱影像分类;(2)提出了一种可互相比较的平行(肩并肩)网络框架设计范式,以公平地比较卷积神经网络和胶囊神经网络;(3)胶囊神经网络对于预测的概率具有较高的置信度,并通过概率图和不确定性分析予以确认。此外,卷积神经网络在高光谱影像分类任务中,显示出特别好的性能,然而需要大量的训练样本。如果能够减少深度学习分类模型对于训练样本数据的需要,是比较理想化的变化。比如当只有少量的训练样本可用时,Makantasis 等就提出一种基于张量的策略针对高光谱影像分类和分析,而不是采用传统的卷积神经网络。

因为,胶囊神经网络是最近提出的新型神经网络架构,仅仅有少量的研究探索了其应用。Xi 等尝试寻找最好的参数配置集,针对复杂数据,以期能得到最小的测试误差。Afshar 等采用胶囊神经网络实现肿瘤分类,证明胶囊神经网络能成功地克服卷积神经网络的缺点。Jaiswal 提出了一种基于生成对抗学习的胶囊神经网络(CapsuleGAN),其使用胶囊神经网络而不是标准的卷积神经网络作为判别器。Kumar 等提出了一种创新的方法用于交通标志检测,主要是使用胶囊神经网络取得了优异的性能。LaLonde 和 Bagci 扩展胶囊神经网络的使用,并首次应用到对象分割任务,取得了理想的分割精度。Li 等构建了一种胶囊神经网络,借助无人机影像去识别大米成分。Qiao 等使用胶囊神经网络获取高级特征,通过核磁共振成像(magnetic resonance imaging,MRI)重建图像刺激物,相比于已有的最先进方法取得了更优的精度。Wang 等基于循环神经网络(recurrent neural network,RNN)提出了一种胶囊神经网络架构,实现情感分析。Zhao 等首次将胶囊神经网络研究应用于文本建模。所以,胶囊神经网络在许多研究领域有潜在的能力,并且值得关注。

事实上,胶囊神经网络的发展仍然处于初级阶段,通过使用不同的协议路由算法表明,胶囊神经网络仍然需要更多的实验进行改进,这是一个正在发展的研究方向。因此,目前只有很少文献研究其应用,既有优点也存在一些缺点,如表 4-1 所示。本章的剩余部分主要介绍了胶囊神经网络的技术背景,本研究提出的胶囊网络的架构设计和可互相比较的平行网络框架设计范式,以及相关实验分析和讨论。本章指出,胶囊神经网络是最近提出的一种深度学习网络架构,只有很少的研究探索了其应用。受胶囊神经网络的创新性的启发,本研究尝试将胶囊神经网络引入高光谱影像分类任务。

表 4-1 胶囊网络的优缺点

优点	缺点
可学习诸如同质性、色调、姿态(大小、位置、方向)、反照率、纹理、变形和速度等各种特性; 适合较小的数据集,通过在胶囊中学习特征而进行有效推断; 相较于其他先进技术,能在小数据集上取得较高精度; 协议路由算法能够区分图像中的重叠对象; 激活向量更易进行图像理解	相较于其他先进的深度网络模型,在部分数据集上的实验精度并不理想; 没有在更大规模的数据集上进行测试; 采用协议路由算法,训练模型需要更多的时间; 模型时间与数据复杂性有关

本研究提出了一个改进的准两层胶囊神经网络用于高光谱影像分类。而且,本研究实验将两个真实的高光谱遥感影像数据集,即 PaviaU 和 SalinasA 数据集作为基准数据集。实验结果与最先进的卷积神经网络和两个基线分类器(RF 分类器和 SVM 分类器)相比,所提出的胶囊神经网络对于复杂的数据集实现了更好的分类结果,即使训练样本有限。此外,本研究提出了一种可互相比较的平行网络框架设计范式来比较卷积神经网络和胶囊神经网络。而且,本研究实验观察到胶囊神经网络对标签的最大预测概率,具有更高的置信度,还观察到关于概率密度的弱预测现象,并通过概率图和不确定性分析得到证实。

由于卷积神经网络可能无法保持样本的空间特征和光谱信息一致性,因此出现了诸如张量学习和胶囊神经网络等最新算法,不仅使用较少的训练数据,而且具有相对较好的性能。现有研究表明,卷积神经网络有些复杂的扩展,包括:(1)不同的深度和宽度;(2)复合设计;(3)对于输入、隐藏和输出层操作上的特定技巧。另外,胶囊神经网络的复杂性,直到现在还没有得到很好的研究。由于应该进一步努力改进胶囊神经网络,更复杂的卷积神经网络和胶囊神经网络之间的比较将会是一个开放的研究领域,此后将继续深入研究。同时,分类图和分类精度总是有足够资格,对分类器或深度学习分类模型进行客观评估。根据这项研究,本研究认为胶囊神经网络在高光谱影像分类方面前景广阔,并且在不久的将来,应该进一步努力改进胶囊神经网络。

4.2　胶囊神经网络原理

胶囊神经网络(CapsNet)是一种全新的深度神经网络架构,为克服卷积神经网络的局限和缺点而产生,比如缺乏明确的实体概念和池化操作会丢失有价值信息等。如图 4-2 所示,典型的胶囊神经网络结构是一种浅层的三层神经网络架构,也即一维向量卷积层(Conv1D)、主胶囊层(PrimaryCaps)和数字胶囊层(DigitCaps),由 Sabour 等提出,使用基于胶囊系统的理论和方法来表征一组隐藏的神经元,不仅能获得目标存在的可能性,而且能获得隐藏特征的属性。在这样的情景下,胶囊神经网络对于仿射变换具有较好的鲁棒性,并且需要更少的训练数据。尤其是,胶囊网络通过 1 万幅图像测试数据集上的性能测试,显示对 MNIST 数据集的精度达到 99.61%,对 Fashion MNIST 数据集的精度能达到 92.22%。

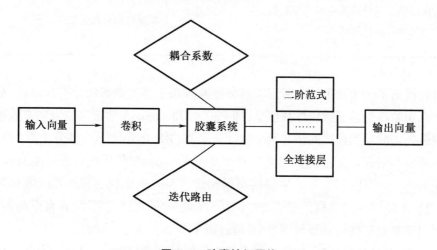

图 4-2　胶囊神经网络

另外,胶囊神经网络已经实现一些与特征间的空间层次性有关的特别突破。这里,胶囊代表一组隐藏神经元,而包围在活动胶囊中的神经元活动则代表了一个特定实体的各种各样的属性。另外,一个胶囊的总体长度代表一个实体存在的可能性;同时,一个胶囊的方向性则表示其属性。胶囊是一种判别性地训练的多层胶囊系统。因为输出向量的长度代表存在的概率,并且一个输出胶囊由一个非线性挤压函数计算得到

$$v_j = \frac{\|s_j\|^2}{\varepsilon + \|s_j\|^2} \frac{s_j}{\|s_j\|} \tag{4-1}$$

式中,v_j 是胶囊的向量输出;s_j 是总输入。非线性挤压函数是一种激活函数来确保短向量收缩到几乎零长度,并且长向量收缩到一个关于 ε 的特定长度。

胶囊的总输入s_j,是由一个胶囊的输出u_i乘以加权矩阵W_{ij},代表了下层的胶囊所有预测向量的加权和。

这里,c_{ij}表示耦合系数,由迭代的路由处理确定:

$$s_j = \sum_i c_{ij} W_{ij} u_i \qquad (4-2)$$

$$c_{ij} = \frac{\exp(b_{ij})}{\sum_k \exp(b_{ik})} \qquad (4-3)$$

式中,b_{ij}和b_{ik}是两个耦合胶囊间的对数先验概率。

针对每个胶囊层,每一个胶囊输出一个局部的向量格网,作为上层的每一种类型的胶囊;然后,针对每个格网成员不同的变换矩阵和胶囊,用于获得等数量的类别。动态路由的实现是基于一个迭代处理过程。低层级的胶囊将输出发送给一个高级胶囊,其向量与低层级胶囊的预测值有一个大的尺度积。该输出向量的总体长度代表了预测的概率。针对每个胶囊k,分离的间隙损失L_k,能给定为

$$L_k = T_k \max(0, m^+ - \|v_k\|)^2 + \lambda(1-T_k)\max(0, \|v_k\|-m^-)^2 \qquad (4-4)$$

式中,$T_k = 1$,$m^+ = 0.9$和$m^- = 0.1$是三个默认的自由参数。确保λ能使得降加权最终能够收敛。

4.3 卷积与胶囊组合网络原理

本节描述了本研究提出的理论和方法的细节。需要说明的是,当在不同的深度学习模型间实现一种公平的比较时,应使其网络结构、尺寸和参数设置尽可能地相似,显得非常重要。

4.3.1 网络架构设计

本研究提出的神经网络架构设计,主要目标是创建一种可互相比较的平行框架范式,去抑制不同神经网络架构间的差异,或者尽可能小,使得在卷积神经网络和胶囊神经网络之间可以公平地比较。进一步地,本研究尝试改进胶囊神经网络来获得相比于卷积神经网络更理想的结果。需要注意的是,给定的深层神经网络对于实现高光谱影像分类,不一定总是有更好的分类结果;因而,卷积神经网络和胶囊神经网络两者,都是相对较小和较浅的神经网络结构。本研究提出的神经网络架构,都包含一个卷积层,也即特征提取层,并且所有深度神经网络分类模型都是两层的神经网络结构,如图4-3所示。其中,$S_i\{i=1,2\}$表示关键工作流,$P_j\{j=1,2,3,4\}$代表一组参数配置。CNN1和CNN2及CAP1和CAP2都结构相似,仅有很小的差异。需要注意的是,图中神经网络架构,卷积神经网络和胶囊神经网络是完全独立的神经网络架构。CNN1(或CAP1)和CNN2(或CAP2)的区别在于,前者包含

了一个复合块结构"Conv-BN-ReLU",而后者则包含相等数量的堆叠层,其中批归一化层 (batch normalization, BN) 和 ReLU 层,相对于 Conv 层而言,顺序相反。首先,输入的高光谱 数据,也即三维的高光谱图块,传递给卷积层,数据的尺寸为 $(P_{Row}, P_{Col}, B_{ands})$,其中 B_{ands} 是 一个高光谱立方体通道的数量。卷积核的尺寸是 4×4,滤波器的数量为 64,步长默认为 1。 然后,卷积层,也即 Conv 层,通常紧接着一个批归一化(BN)层。

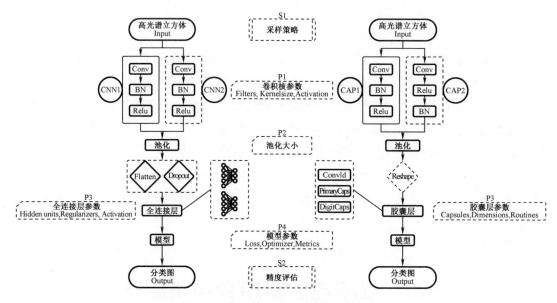

图 4-3   卷积神经网络和胶囊神经网络

正如之前所提到,卷积神经网络能在较浅的层正确地提取低级特征(线、角等)。因此, 本研究在设计的神经网络架构底层(初始层)保留一个卷积层。紧接着的批归一化层,期望 能加速随后的训练过程和减少对神经网络初始化的敏感性。池化操作是一个非常原始的 处理,因为具有良好的性能和优异的效率,使得空间池化成为神经网络架构设计的必然选 择。实际上,组合的胶囊层在功能上与全连接层几乎相同,期望能将最后的输出编码为特 定的与待标记的类别有关的映射。这里,胶囊的数量和全连接层的隐单元数量相等,与地 物类别的数量相同。胶囊的维数设置为 64,有 3 个路由。最终的网络输出结果是(1, classes)的向量。如果第 i 个元素,也即预测的概率,在该向量中有最大值,那么第 i 个标签 则是输入样本的预测标签。特别地,卷积神经网络或者胶囊神经网络都是准两个参数层的 神经网络结构。这里,参数层的数量是卷积层和全连接层(或者胶囊层)的总数。如图 4-4 所示,典型的卷积神经网络由一个输入层,一个输出层,多个卷积层、批归一化层、空间池化 层和全连接层构成,而典型的胶囊神经网络则是由一个输入层、一个输出层、一维卷积层、 主胶囊层和数字胶囊层组成。图上示意的三维的高光谱立方体具有 200 个波段,一个三维 输入块尺寸为 7×7 大小,三维的高光谱影像数据块为深度学习模型进行预处理,而三维的 像素立方体则是用于训练传统的分类器,也即 RF 和 SVM。

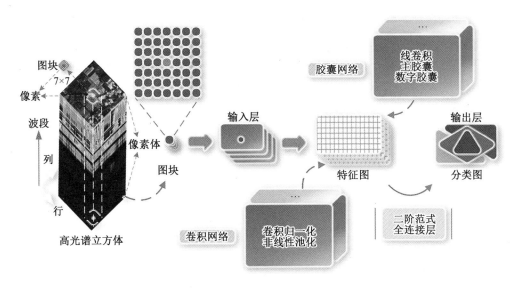

图 4-4　卷积神经网络和胶囊神经网络

通常地,光谱域信息被看作向量格式,也即一维矢量格式,输入到卷积神经网络或胶囊神经网络,从而实现高光谱影像分类。然而,一维矢量格式的高光谱数据,并不能充分利用神经网络模型的能力,比如能实现提取空间层次性特征。因此,仅单图块,也即像素的邻域像素或围绕某中心像素的方形图块,包含所有光谱波段,标注为一个类别的样本,来进行后续的训练和测试。所有设计的地面真实参考样本,都是按固定的大小划分,为了使两个不同的神经网络架构,尽可能地可互相公平比较。因为,很小的数据集用于训练所提出的神经网络架构,而且仅有限选择的样本用于训练。训练样本集被确定为随机选择的 60 个样本每个类别,验证样本集具有和训练集一样的大小的样本数量。除了训练集和验证集之后,剩余的所有样本将视为测试样本集。本研究中,通过训练样本大小对分类性能影响的参数分析,表明本研究确定的训练集大小为 60 个样本是合适的。因此,分类精度将根据样本的选择变化而变化。由于训练集的尺寸较小,分类性能主要依赖于选择的训练样本,也即具有好的表征的训练集,更可能有较好的性能,反之亦然。

4.3.2　参数设计

监督的深度神经网络进行高光谱影像分类的性能,通常取决于:(1)设计网络架构的表征能力;(2)训练样本的数量;(3)输入图块的大小:和(4)参数配置或实验设置。基于文献中给出的参数信息,本研究选择 7×7 作为图块大小。本研究实验每次运行迭代输入数据的批大小为固定值,也即 64 个样本,该值对于获得训练过程和验证过程的精度和损失,适当地确定训练参数显得特别重要。考虑到深度网络模型大小的影响,具有较深层的深度学习模型,对高光谱影像分类具有较差的分类结果。同时,较浅的神经网络结构,较易于相互进行比较。相关文献的研究表明,卷积核大小 3×3 会遇到严重的过度拟合问题,卷积内核大小 1×1,则可以提供更好的性能。实际上,本研究实验发现 4×4 大小的卷积核和 64 个滤波器的卷积层也是可行的选择。Zhong 等发现,使用批归一化(BN)方法,也即 BN 层,深度学习模型可以获得比没有批归一化方法获得更高的分类精度。由于其较好的性能,本研究实验中空间池化操作得以保留。Yu 等建议丢失部分神经元是必要的,并提供更好的性能表现,因而本研究实验保留了丢弃层(Dropout)。另外,对于胶囊层,胶囊的尺寸设置为 64,并且默认使用 3 种路由。

随机运行(random run)或蒙特卡罗运行(Monte Carlo run)是通过重复的随机抽样,有助于取得鲁棒的分类性能。因此,实验中将每个深度学习分类模型或分类器分别地应用于随机的设计样本集,共运行五次。本研究仅描述第一次运行结果,并随后结论性地分析了其他多次运行结果。对于五次随机的独立运行,每次随机地选择 60 个样本进行训练,另外有 60 个样本进行验证,其余剩下的样本可供测试。每次运行的结果都会略有不同,因为深度神经网络中存在固有的随机性或不确定性。记录的精度是以计算最终统计的平均值和标准误差。因为每次运行的训练样本是从同一类别中随机选择的,所以无论是否存在可能的噪声或脏样本,这些运行都可以得到几乎一致的结果。随机运行每次使用不同的训练集,与重复多次不同,可以实现更可靠的分类结果,但是存在可能降低最终统计精度的情况。

本研究实验中,每个像素和相邻的像素构成 7×7 的图块,看作一个单样本。因而,每个样本的数据尺寸是 $7×7×B_{ands}$。一般地,假定卷积神经网络和胶囊神经网络的卷积滤波器的尺寸是 W,则 W 能是 3,5 或更高。这里,尺寸为 1×1 的卷积核被排除,因为它只能提取不同波段间的特征,而不是在空间域。另外地,在神经网络架构前层仅采用一个卷积层,并且紧接着一个最大空间池化层。因此,本研究将卷积核尺寸设置为 4×4。实验表明,丢弃层通过丢弃一些互适应的隐藏单元,能改进分类性能和减轻过拟合问题。使用丢弃神经元的操作,深度神经网络能学习更鲁棒的特征和减少噪声的影响。因此,卷积神经网络仅有一个 Dropout 层,且其概率值设置为 0.6。神经网络模型的训练和推理过程,最初训练样本会随机地划分为一些特定大小的批次。本实验中,批大小设置为 64。卷积神经网络和胶囊神经网络的每次训练,都使用一阶的梯度随机目标优化函数,也即 Adam 算法。对于 200 代中的每一代,单次仅一个批将会被传递给序列模型,以供每次训练。训练的过程将不会停止,除非存在过早停止选项的情况下,直到达到预定的最大迭代数量。测试过程中,测试样本同样会被输入序列模型,通过发现输出预测概率向量中的最大数值,以获得最后的预测标签。

4.3.3　少样本学习

深度学习模型需要大量训练数据,减少训练数据是非常有利的选择。Makantasis 等提出了基于张量的高光谱影像分类和分析方法,以取代卷积神经网络,尤其是当没有多少可用的训练样本。正因为卷积神经网络可能无法保持样本的空谱特征的一致性,因此最新出现的方法,例如基于张量的学习方法和胶囊神经网络,都是比较好的替代方法,尤其是当使用较少的训练样本数据,但要求具有相对较好的性能。针对有限的训练样本,关键是如何确定训练样本尺寸的影响。

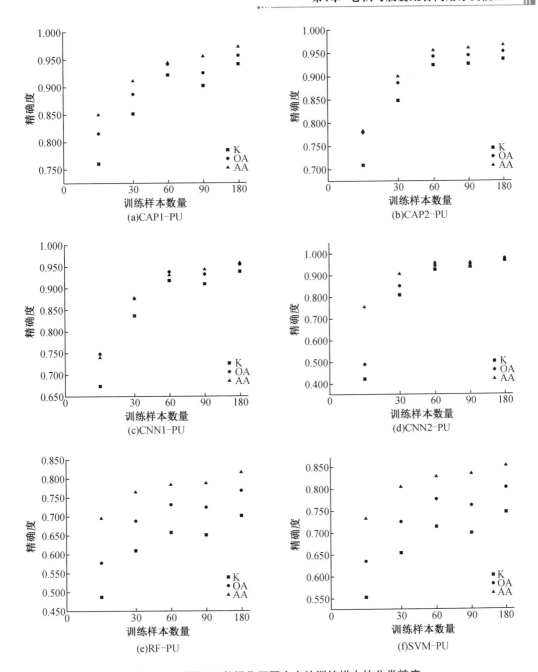

图4-5 采用 PU 数据集不同大小的训练样本的分类精度

通常来说,如果原始高光谱影像数据被转化为 n 维格式输入,则可以考虑应用基于张量的学习方法。基于张量的学习是一种应用于高阶数据分类的较好的技术,其中高光谱影像立方体是典型的 3 维高阶数据。由于高维数据和有限数量的地面真实样本,对高阶复杂数据的利用研究产生了新的挑战。训练样本的数量是确定深度神经网络分类模型或分类器性能的关键因素,除非有大量的训练样本,否则深度学习分类模型可能无法提取有效特征。Zhong 等发现大多数深度神经网络模型已在较大的训练集中获得了更好的表现。对于高光谱影像数据,可能难以获得足够数量的训练样本,因而确定适合高光谱影像分类的训

59

练样本数量,就显得至关重要。如图 4-5 所示,本研究训练样本的数量定义为 15,30,60,90 和 180,也即基本常数的 0.25,0.5,1.5 和 3 倍,最后根据实验分析,确定最佳训练样本大小为 60。

实验表明,随着训练样本数量的增加,分类精度会不断提高,并逐渐趋于稳定或饱和。以胶囊神经网络和卷积神经网络为例,对于样本尺寸为 15 个的情况下的 CAP1,K,OA 和 AA 分别为 0.760 9,81.56% 和 84.96%,而 CNN1 输出的相应值分别为 0.673 5,74.82% 和 73.93%。类似地,对于 CAP2,K,OA 和 AA 分别为 0.708 6,77.95% 和 78.27%,而 CNN2 为 0.421 5,48.90% 和 75.46%。通过上述的精度统计结果表明,基于 CAP 的模型可以用更少的训练数据实现较好的性能。对于两个基线分类器,也即 RF 和 SVM 分类器,当训练样本点的数量不断增加时,分类的精度会逐渐地提高。训练集大小对分类性能影响的实验分析,支持了本研究中确定的训练样本的数量。正因如此,每个类别选择 60 个数目的随机确定的样本。

4.4　实验与性能分析

本章节,比较了提出的胶囊神经网络和卷积神经网络的分类性能。其中,所使用的精度指标包括 Kappa 系数(K),总体精度(OA)和平均精度(AA)。实验结果和分析,将在以下的小节中进行描述。

4.4.1　实验设计

本研究实验的软件平台是便携式笔记本,配置了 Intel Core i7-4810MQ 8-core 2.80 GHz 处理器,16 GB 内存,4G NVIDIA GeForce GTX 960M 显卡。训练过程是在 GPU 上执行,以取得最高的计算效率。因为,本研究训练的神经网络使用小样本,五次的独立运行,每次 200 代,两个数据集的训练时间能在几分钟内完成。就浅层的深度学习模型而言,速度是相当得快,并且非常高效。本研究提出的胶囊神经网络,神经网络架构前层的卷积层,卷积核大小为 4×4,滤波器数为 64,步长为 1 和采用"ReLU"激活函数。后面接着的层是批归一化层(BN)和最大池化层,之所以包含额外的卷积层、批归一化层和池化层,主要是为了与卷积神经网络架构保持一致。需要注意的是,应该调整卷积核尺寸和滤波器数,以确保胶囊层有正确的输入维和获得合格的输出向量。最后,每个类包含 16 维的胶囊,一个胶囊接受自所有下层胶囊的输入。本研究保持每个深度神经网络模型的参数设置尽可能地相似,目的是为确保与卷积神经网络实现公平地比较,并进一步改进胶囊神经网络。针对每个深度神经网络分类模型或分类器相对于每个数据集,每个实验共执行五次,并保证训练样本集和验证样本集的大小相同。这样做的原因是通过随机打乱样本顺序,以减少随机效果的影响,并且记录最终统计的分类精度。

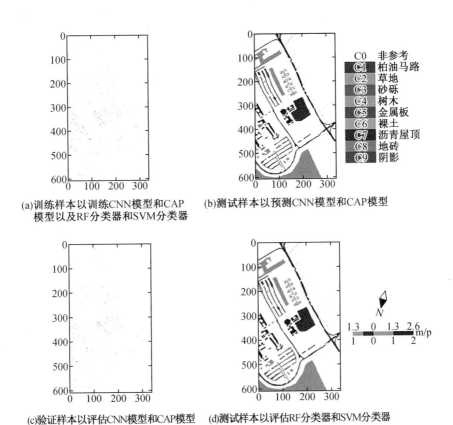

图4-6 PU数据集的训练、测试和验证样本的空间分布

针对PU数据集的训练过程,主要涉及训练样本的确定和记录训练和验证过程的精度和损失。针对每一个深度神经网络分类模型,使用有限的已知训练样本,采样策略对于获得好的性能显得非常关键。训练和验证过程的精度和损失可能依赖于许多因素,能显示出一个神经网络模型是否足够合格,以及其参数配置是否准备好参与随后的参数学习。另外,确定的随机选择样本,可以得到训练和验证样本的空间分布。随着迭代次数的增加,可以计算得到训练和验证过程的精度和损失。SA数据集覆盖了自然区域,地面真实参考样本相对于非地面真实像素比例很大,不像PU数据集。此外,SA数据集中每个类别的类内差异(intra-class variability)相对要小。因而,所有的深度神经网络分类模型或者分类器,都显示出较高的分类精度。

如图4-6和图4-7所示,对于PU数据集和SA数据集,通过随机采样可以获得训练集、测试集和验证集,也即样本的中心像素,每个类别分别随机地选择60个样本。对于PU数据集的9个类别(C1类-C9类)和SA数据集的6个类别(C1类-C6类),每个类别的离散样本的颜色与地面参考样本类别的颜色一致。这些稀疏的样本将会输入到不同的深度神经网络分类模型或分类器,为接下来的模型推理和标签分配,确定最好的模型权值和训练参数。需要说明的是,所示设计集的空间分布是五次独立运行的第一次运行的结果。对于其他四次独立运行,其训练样本也是随机选择的结果,都是一个固定的大小。对于每一次运行,有 60 个样本会被随机地选择来进行训练,另外 60 个样本来进行验证,同时剩余的所有样本可以用来进行测试。

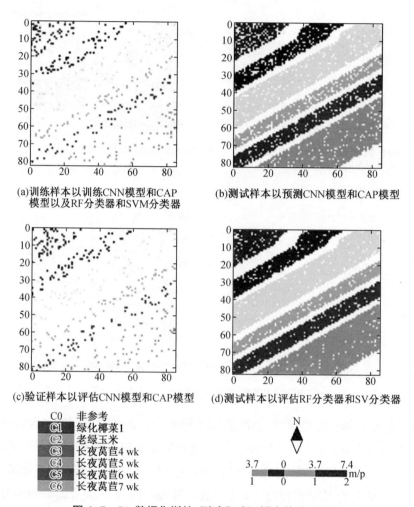

(a)训练样本以训练CNN模型和CAP
模型以及RF分类器和SVM分类器

(b)测试样本以预测CNN模型和CAP模型

(c)验证样本以评估CNN模型和CAP模型

(d)测试样本以评估RF分类器和SV分类器

C0 非参考
C1 绿化椰菜1
C2 老绿玉米
C3 长夜莴苣4 wk
C4 长夜莴苣5 wk
C5 长夜莴苣6 wk
C6 长夜莴苣7 wk

图 4-7 SA 数据集训练、测试和验证样本的空间分布

如图 4-8 所示,对于 PU 数据集,CNN 和 CAP 模型在局部或是全局上都能很好地收敛,显示出较好的收敛行为。其中,CAP 模型能较快地在大约 50 代时稳定,而 CNN 模型则在 100 代时趋于稳定。而且,CNN 模型相较于 CAP 模型,对于局部收敛显示出更好的表征。另外,所有的独立运行都显示出较好的收敛行为。对于 SA 数据集,所有模型在局部存在问题。因为,SA 数据集是一种相对简单的数据集。因此,每次独立运行,会产生比如梯度消失等问题。需要注意的是,就一个简单的数据集而言,考虑到可能出现的问题,比如梯度爆炸,应该避免不必要的主成分变换(principal component transform,PCA)或层归一化等操作。优化分类器的超参数,允许获得一组最优的参数。

RF 分类器和 SVM 分类器的参数,能使用格网搜索和交叉验证的方式进行优化,从而通过一个参数网格,获得鲁棒的基线分类器。本研究中,通过微调 RF 分类器的五个参数,也即,分离的质量标准,树的最大深度,特征的数量,需要分离的最小样本数量,森林中树的数目。通过两个参数,也即,误差项的惩罚参数和"rbf"的核系数,来微调SVM分类器。其中,SVM分类器的实现,是基于"libsvm"用一对一的策略。此外,所有的格网搜索,都使用了五倍的交叉验证。

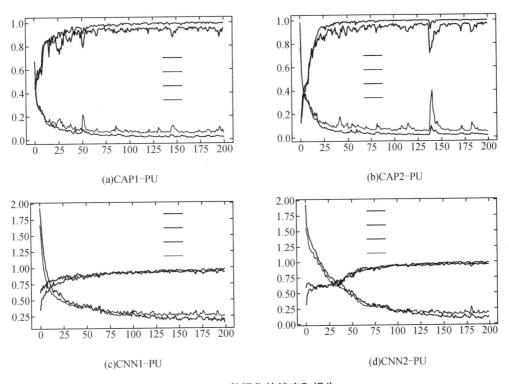

(a)CAP1-PU   (b)CAP2-PU

(c)CNN1-PU   (d)CNN2-PU

图4-8　PU数据集的精度和损失

随着迭代次数的增加,水平轴表示每次独立运行时迭代200次。

对于PU数据集和SA数据集,使用RF分类器,第一次运行获得的最好参数结果如下:(1)Gini非纯度作为质量标准;(2)最大深度为8,也即数值直到包含的所有叶子少于样本的最小数量;(3)最大特征数量,通过最大特征数量,取平方根计算得到;(4)需要的最小数量去分离一个内部节点,考虑为2;(5)树的数目,最优为32。最终,最好的评估分数分别为0.759 3和0.963 9。对于PU数据集和SA数据集,采用SVM分类器,第一次运行所获得的最好参数结果为:(1)惩罚参数分别为10 000.0和1 000.0;(2)"rbf"的核系数分别确定为0.01和0.1。最终,最好的评估分数分别为0.807 4和0.983 3。

4.4.2　分类结果与评价

深度卷积神经网络分类模型训练过程成功完成后,下一步则是将未标注的样本划分到正确的地物类别。这样的情况下,能获得两种分类图:(1)一种是完整景,覆盖原始的整个高光谱遥感影像场景;(2)另一种,覆盖所有的地面真实参考样本,称为参考景。与大多数文献研究一样,本研究实验采用参考景作为分类图。PU数据集的分类图的错漏分特征非常明显,原因是在城市区域,宽范围覆盖,和具有更多的地物类别数。本研究实验中分类性能的评估,采用几种广泛使用的精度指标,即 OA,AA,K 和每个类别的精度,用于评估最终的分类结果。这些精度指标,是由混淆矩阵计算得到。

　　如图 4-9 所示,针对 PU 数据集,CNN 模型和 CAP 模型获得不同的分类图,是由每个类别使用 60 个随机选择的训练样本训练得到。错分类主要是由一些破碎的地表结构或者类内差异引起。随后的精度评价结果和概率图,也支持这样的分析。由分类结果可知,相比于两个基线分类器 RF 和 SVM,CNN 模型和 CAP 模型都有很好的分类结果。此外,大多数错分和漏分误差主要出现在非同质区域,涉及复杂的地表结构或物质。这样的结果,即使在不同的随机运行中,也是非常常见的。

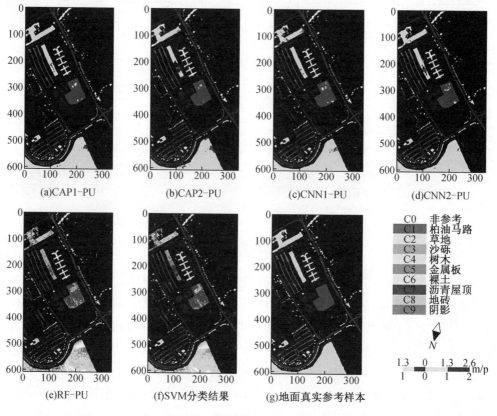

(a)CAP1-PU　　(b)CAP2-PU　　(c)CNN1-PU　　(d)CNN2-PU

(e)RF-PU　　(f)SVM分类结果　　(g)地面真实参考样本

C0	非参考
C1	柏油马路
C2	草地
C3	沙砾
C4	树木
C5	金属板
C6	裸土
C7	沥青屋顶
C8	地砖
C9	阴影

图 4-9　PU 数据集的分类图(参考景)

　　如图 4-10 所示,针对 SA 的数据集,每个深度卷积网络模型或分类器的分类图,除了右下角和交叉区域,也即过渡区域或者跨越不同的采样区域,能观测到很好的分类精度,结果非常令人满意。错分类主要由一些类间固有的不确定性引起。因为 SA 数据集是一个相对简单的数据集,所有模型能获得相当好的结果和精度,同时优于传统的基线分类器 RF 和 SVM。

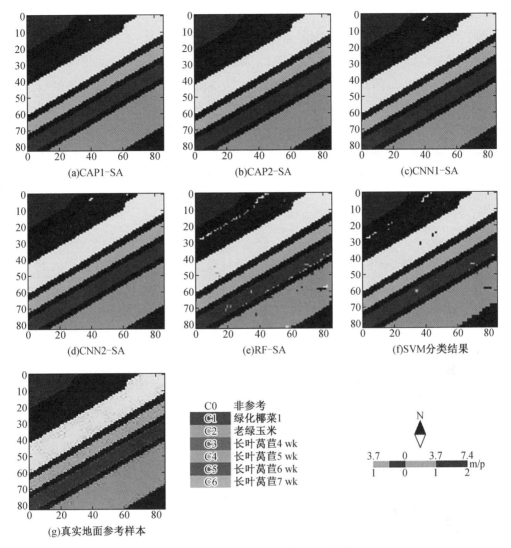

(a)CAP1-SA (b)CAP2-SA (c)CNN1-SA

(d)CNN2-SA (e)RF-SA (f)SVM分类结果

C0 非参考
C1 绿化椰菜1
C2 老绿玉米
C3 长叶莴苣4 wk
C4 长叶莴苣5 wk
C5 长叶莴苣6 wk
C6 长叶莴苣7 wk

(g)真实地面参考样本

图 4-10 SA 数据集的分类图(参考景)

针对 PU 数据集,采用 CAP1 模型,许多 C1 类(沥青)样本被错误地归类为 C7 类(沥青),而 C6 类(裸土)的许多样本被归类为 C2 类(草地)。对于 CAP2,许多 C1 类样本被错误地归类为 C7 类,许多 C2 类样本被归类为 C6 类。明显的漏分错误出现在 C1 类,而 C8 类(自堵砖)意味着有相当大的类内变异性。对于 CNN1 和 CNN2,明显的错误发生在 C1 类和 C7 类,C2 类和 C6 类,C3 类(砾石)和 C8 类之间。

对于两个基准分类器 RF 和 SVM,除了 C5 类(涂漆金属板)和 C9 类(阴影),其他类别有明显的漏分错误和错分错误。C4 类(树)中,许多样本被错误地归类为 C2 类,并且更多类 C2 的样本被错误地归类为 C4 类。类别之间的明显错分和漏分错误,表明类间低变异性。

针对 SA 数据集,所获得的分类精度相当好。对于所有的深度卷积网络模型和分类器,没有明显的错分误差和漏分误差。当使用相对简单的数据集时,这样的结果说明优越的性能,也即达到饱和精度。如表 4-2 所示,根据精度统计结果,分类精度可归纳如下:(1)两种神经网络结构均表现出良好的性能;(2)基于 CAP 的模型在 Kappa,OA 和 AA 方面略优于基于 CNN 的模型;(3)大部分错分误差和遗漏分误差发生在第 C1 类(沥青)和第 C7 类(沥青),第 C2 类(草地)和第 C6 类(裸土),第 C3 类(砾石)和第 C8 类(自堵砖)。

此外,与 Yu 等提出的 CNN 的分类准确性相比,本研究提出的基于 CNN 的模型,获得了更好的性能。如表 4-3 所示,根据精度统计结果,分类精度可归纳如下:(1)所有深度神经网络模型和分类器取得几乎饱和的分类精度;(2)大部分错分误差和漏分误差是由第 C2 类(Corn_senesced_green_weeds)和第 C3 类(Lettuce_romaine_4wk)引起的;(3)CAP 模型和 CNN 模型对所有类别,具有相近的分类精度。

4.4.3 模型性能分析

通过每个深度神经网络分类模型或分类器的概率图,表明 CAP 模型比 CNN 模型具有明显的优势。这里,概率图可用于观测概率的空间密度和发现弱预测现象。在概率图中,能清楚地反映不同深度神经网络分类模型或分类器预测概率密度上的区别。实验结果表明,简单数据集和复杂数据集的差异,对于分类性能有着显著影响。就预测概率密度而言,基于 CNN 和 CAP 的模型之间有显著差异,如图 4-11 所示。举例如,基于 CNN 模型输出的概率密度,整个目标场景中出现明显的弱预测。因此,许多测试样本的最大预测概率相对较低。

此外,基于 CNN 的模型,弱预测发生在非地面真实样本所覆盖区域,或者在不同类别样本的交叉区域。这里,基于 CAP 的模型,采用 SA 数据集与 PU 数据集输出的概率统计结果一致。预测概率密度不一定与最终分类输出结果的可靠性一致。然而,基于训练样本的分布来估计预测概率,仍然期望以某种方式表示分类输出的置信度。实际上,分类器或深度学习分类模型的输出概率被许多先前研究,认为是分类结果的后处理分析中的不确定性。因此,输出概率的信息也非常有用。

关于不确定性分析的相关工作或预测概率的统计,在高光谱影像分类任务中,之前很少被考虑。当不顾及性能评估时,不确定分析工作提供了对例如 CNN 和 CAP 等神经网络之间内在差异的新见解。因为,类别标签的分配依赖于可靠的预测,最大预测概率将决定最终标签输出结果。若以胶囊神经网络和卷积神经网络比较为例,基于 CAP 的模型显示出较高的预测置信度,其中大多数预测的最大预测概率都相当高。就最终分类精度而言,基于 CNN 的模型的性能可能是足够好的。但是,大多数样本的预测最大概率相对较低。对于 RF 和 SVM 分类器,对应的盒图看起来是正常的,如图 4-12 所示。

表4-2　随机运行五次后 PU 数据集的分类精度

	CAP1-PU	CAP2-PU	CNN1-PU	CNN2-PU	RF-PU	SVM-PU
K	0.932 4±0.024 2	0.945 6±0.018 1	0.934 5±0.013 0	0.933 2±0.022 1	0.645 0±0.014 7	0.707 0±0.009 4
OA	0.949 0±0.018 5	0.959 0±0.013 8	0.951 1±0.009 7	0.949 6±0.016 9	0.718 9±0.012 4	0.770 3±0.007 1
AA	0.954 2±0.011 2	0.962 7±0.013 8	0.936 7±0.017 4	0.956 3±0.008 9	0.786 9±0.009 8	0.827 3±0.009 6
C1	0.894 3±0.054 5	0.927 7±0.026 4	0.946 8±0.027 9	0.938 2±0.040 7	0.660 4±0.014 3	0.762 9±0.024 8
C2	0.968 6±0.027 8	0.965 9±0.021 0	0.980 7±0.007 0	0.950 7±0.027 2	0.689 2±0.023 7	0.737 4±0.008 2
C3	0.922 9±0.031 2	0.888 2±0.119 0	0.851 8±0.078 2	0.885 1±0.040 4	0.636 4±0.028 4	0.717 1±0.043 8
C4	0.979 7±0.009 6	0.976 1±0.012 1	0.972 4±0.017 8	0.972 0±0.012 4	0.914 2±0.025 0	0.904 2±0.025 9
C5	1.000 0±0.000 0	1.000 0±0.000 0	1.000 0±0.000 0	1.000 0±0.000 0	0.992 8±0.005 2	0.996 9±0.001 6
C6	0.960 9±0.033 8	0.978 1±0.028 4	0.921 2±0.024 1	0.948 3±0.032 1	0.719 1±0.033 4	0.773 8±0.032 4
C7	0.983 1±0.013 7	0.980 0±0.008 5	0.878 3±0.185 5	0.962 0±0.012 5	0.829 6±0.020 5	0.853 7±0.028 8
C8	0.879 6±0.080 6	0.948 3±0.022 4	0.879 9±0.064 9	0.950 4±0.019 6	0.661 2±0.033 2	0.701 5±0.038 0
C9	0.998 5±0.000 9	0.999 8±0.000 5	0.999 3±0.000 6	1.000 0±0.000 0	0.979 3±0.007 2	0.998 6±0.001 3

表 4-3 随机运行五次后 SA 数据集的分类精度

	CAP1-SA	CAP2-SA	CNN1-SA	CNN2-SA	RF-SA	SVM-SA
K	0.999 2±0.000 7	0.999 1±0.000 4	0.999 4±0.000 4	0.999 1±0.000 3	0.964 7±0.007 3	0.984 5±0.003 5
OA	0.999 4±0.000 5	0.999 3±0.000 3	0.999 5±0.000 3	0.999 3±0.000 2	0.972 0±0.005 8	0.987 7±0.002 8
AA	0.999 5±0.000 2	0.999 2±0.000 3	0.999 3±0.000 4	0.998 9±0.000 3	0.970 4±0.005 1	0.988 3±0.002 5
C1	1.000 0±0.000 0	1.000 0±0.000 0	1.000 0±0.000 0	1.000 0±0.000 0	0.994 0±0.001 9	0.995 2±0.002 4
C2	0.999 0±0.002 0	0.998 7±0.001 9	1.000 0±0.000 0	0.999 7±0.000 7	0.957 4±0.017 0	0.978 2±0.005 6
C3	0.998 4±0.000 8	0.996 8±0.002 7	0.995 6±0.002 7	0.994 0±0.002 2	0.926 6±0.007 0	0.976 3±0.008 2
C4	0.999 4±0.000 8	1.000 0±0.000 0	1.000 0±0.000 0	1.000 0±0.000 0	0.997 4±0.000 8	0.994 4±0.004 1
C5	1.000 0±0.000 0	1.000 0±0.000 0	1.000 0±0.000 0	1.000 0±0.000 0	0.995 4±0.005 2	0.997 1±0.003 0
C6	1.000 0±0.000 0	1.000 0±0.000 0	1.000 0±0.0000	1.000 0±0.000 0	0.951 8±0.019 9	0.988 6±0.005 5

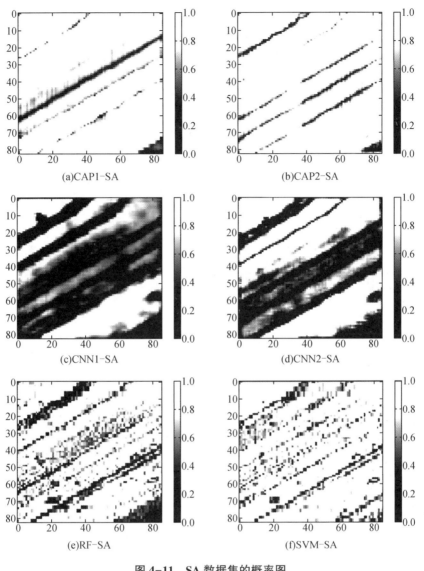

(a)CAP1-SA

(b)CAP2-SA

(c)CNN1-SA

(d)CNN2-SA

(e)RF-SA

(f)SVM-SA

图 4-11 SA 数据集的概率图

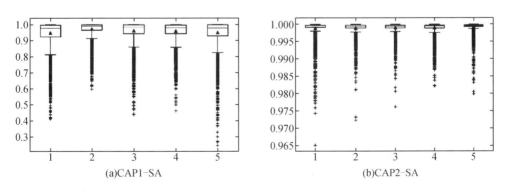

(a)CAP1-SA

(b)CAP2-SA

图 4-12 采用 SA 数据集的预测概率的盒图

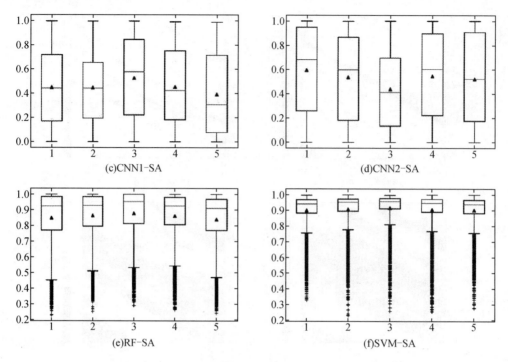

图 4-12(续)

根据实验结果推测,这种变化可能取决于实验数据的复杂性,并且 CNN 和 CAP 的分类结果均有非常高的精度。然而,CNN 的最大预测概率远小于其分类输出结果的真实可靠性。显然,CAP 模型呈现出类别预测和标签分配的最大概率。如图 4-11 和 4-12 所示,通过对概率图和不确定性分析,也即输出概率的统计分析,表明 CAP 模型的预测概率显示出更高的置信度。概率图显示出弱预测所观察到的空间分布,即输出概率的空间密度,并且统计分析也显示出预测概率的统计分布。多数弱预测发生在跨区域,也即过渡缓冲区或非真实样本覆盖的区域。根据实验结果推测,这种变化可能取决于实验数据的复杂性或训练样本标注质量,并且 CNN 和 CAP 的分类结果均有非常高的精度。然而,CNN 的最大预测概率远小于其分类输出结果的真实可靠性。显然,CAP 模型呈现出类别预测和标签分配的最大概率。因此,通过对概率图和不确定性分析,也即输出概率的统计分析,表明 CAP 模型的预测概率显示出更高的置信度。

通过观察概率图,可以直观地显示出弱预测所对应的空间分布,即输出概率的空间密度,并且统计分析也显示出预测概率的统计分布,如图 4-11 和 4-12 所示。弱预测发生在跨区域,也即过渡缓冲区和非真实样本覆盖的区域。根据统计图,可以给出如下推测:(1)如果大多数预测具有高概率,那么低概率将是异常值,反之亦然;(2)如果大多数预测都是近似的,则不能识别出异常值;(3)具有高度和大小等属性的浮动箱可以指示具体的统计分布。考虑到可以将输出信号限制为有限值的激活或挤压功能等可能的操作,输出概率是可以操纵的。但是,统计分布应该始终保持一致。就本研究而言,CAP 显示了优异和特殊的特征。

训练时间可作为计算效率的直接度量,也是不同深度卷积神经网络(DCNN)架构的重要性能指标。神经网络参数在计算深度学习模型的复杂性中起着重要作用。具体地,一旦神经网络参数被固定,就可以近似地确定每个深度神经网络模型的执行效率。通常地,针对特定数据集设计的卷积神经网络架构,可确定总的网络参数。因此,网络参数大小的变化,将改变训练时间和预测时间。而 CNN 模型和 CAP 模型之间的网络参数上的差异,主要取决于胶囊层和全连接层之间,以及在神经网络架构设计范式上可比性方面的差异。需要注意的是,本研究实验尝试使两种神经网络架构尽可能地相近,从而便于互相比较和进一步改进。如表 4-4 所示,关于时间开销,CAP 模型比 CNN 模型花费更多时间。从另一个角度来看,两种神经网络架构都具有与预期大致相同的神经网络结构复杂性。对于 PU 数据集,CAP 模型需要大约 1.8 倍于 CNN 模型的训练时间。此外,可以推测,当数据复杂性增加时,CAP 模型和 SVM 分类器将花费更多时间。这意味着 CAP 模型和 SVM 分类器的时间消耗可能与数据复杂性有关。

表 4-4 网络参数和时间开销(即五次随机运行的平均时间)

模型	PU(610×340×103)		SA(83×86×204)	
	总参数	训练时间(s)	总参数	训练时间(s)
CAP1	$1.42×10^5$	35	$2.33×10^5$	27
CAP2		37		27
CNN1	$1.08×10^5$	21	$2.10×10^5$	20
CNN2		21		20
RF	—	51	—	52
SVM	—	13	—	5

此外,传统的 SVM 分类器具有很好的效率,耗时很少,而 RF 分类器具有更大的计算强度,主要原因是存在多个参数的交叉验证过程。这样的情况,取决于参数优化过程中参数的数量,也即取决于格网搜索和交叉验证的次数。Yu 等用较小的训练样本集训练所提出的深度神经网络架构,训练过程在几个小时内完成,而 Krizhevsky 等提出的深度神经网络的应用,需要数天或数周的时间开销。

本研究中,通过多项改进措施以努力提高 CNN 模型和 CAP 模型的执行效率,也即:(1)在 GPU 上运行;(2)使用小的训练数据集;(3)对训练样本进行适当划分;以及(4)设计较浅的深度神经网络架构,也即两个参数层。因此,本研究所提出的 CNN 模型或 CAP 模型训练,可以在一分钟内完成。另一方面,CNN 模型和 CAP 模型具有不同大小的神经网络参数,这将导致时间开销存在不可避免但合理的差异。另外,训练时间还取决于许多可能的因素,也即:(1)深度神经网络中的随机性;(2)存储过程的影响;以及(3)计算环境的差异等。

第5章 结构化残差网络分类模型

5.1 本 章 概 述

通过地表物质材料的独特光谱特征,高光谱成像对于像素级专题制图特别有用。近年来,诸如卷积神经网络(CNN)之类的深度学习(DL)技术,显著地提高了高光谱影像分类(HSIC)的性能。最近,学者提出了几种基于复合结构学习的卷积神经网络,也即深度残差网络(deep residual network,DRN)和密集连接网络(densely connected network,DenseNet),以使深层神经网络模型应用于高光谱影像分类的深度特征表征,并实现较高的分类精度。本研究依然采用一种可互相比较的平行(或称为肩并肩)网络框架设计范式,包含两种改进的且深度较浅的残差学习网络(residual learning network,ResNet),使用较少的训练数据实现高光谱影像分类,并采用多个普通复合块构成普通卷积网络(PNets),作为基线神经网络架构置于设计的深度卷积网络框架。

本研究实验涉及的残差学习网络(ResNet)的具体特性,有以下几点:(1)基于残差结构的残差卷积网络(RNets)和基于密集结构的密集卷积网络(DNets)比基于普通复合块的普通卷积网络(PNets)具有更好的收敛行为,也即更快的收敛速度;(2)RNets取得最佳的分类精度;(3)DNets可以获得相对更高的预测概率,并且花费更少的时间开销;(4)与"BN-ReLU-Conv"模块单元相比,模块单元"Conv-BN-ReLU"具有较高的分类精度,推荐采用"ReLU-Conv-BN"模块单元;(5)增加卷积网络深度,分类性能都会逐渐下降。上述的深度卷积神经网络(DCNN)均使用三个真实的高光谱影像数据集进行训练,也即PaviaU、Salinas和SalinasA数据集,分别代表两种复杂的(也即城市或自然地区)和一种简单的数据集,用于研究每个深度卷积神经网络分类模型的鲁棒性和表征能力。就现有文献而言,本研究所提出的方法对高光谱影像分类(HSIC)任务中最先进的残差学习网络(ResNet)的比较,提供了相当客观的评估和非常深入的探索。

虽然深层神经网络模型可以学习深度的特征表示和实现高光谱遥感影像解译,并在不同的高光谱数据集中实现较高的分类精度。然而,更深层次的深度神经网络更难训练。在神经网络深度重要性的驱动下,直觉上学习更好的网络,就像堆叠更多层一样容易。深层神经网络的典型障碍就是梯度消失或梯度爆炸等问题,这些问题从一开始就阻碍了收敛。当更深的神经网络能够开始收敛时,可能会暴露出模型退化的问题。随着卷积网络深度的增加,结果精度不出意外地趋于饱和,并且迅速退化。这种问题不是由于过拟合引起,而是因向适当的卷积网络模型添加了更多层,导致出现更大的训练误差。深层神经网络模型训练精度的降低表明,当考虑较浅的卷积网络架构及其具有更多层所对应的深层卷积网络模型时,并非所有算法都同样易于优化。存在通过构造更深的神经网络模型解决方案,比如通过引入跳跃式的快捷连接,也即恒等映射,将较浅层学习到的模型知识复制到其他层。同时表明,较深的神经网络模型理应具有比较浅的神经网络模型更小的训练误差。因此,期望堆叠的隐层能训练残差映射而不是直接训练所期望的下层映射。

卷积神经网络已经应用于高光谱影像分类,并且已经实现了最先进的分类结果和精度;然而,随着卷积层数量的增加,分类精度会逐渐降低,这可能有点违反直观认识。如图5-1所示,通过在每两个或三个层之间添加快捷连接,构建残差模块单元,实现每个独立结构的输入和输出之间传递信号,可以克服这种精度退化的问题。因此,He 等开发了非常深的深度残差网络(DRN),并取得了令人信服的精度,而 Zagoruyko 和 Komodakis 认为,宽的残差学习网络(wide ResNet)要远优于常用的浅层卷积神经网络和非常深的残差学习网络。这样的背景之下,卷积神经网络的扩展和变种,变得更加深层和复杂。实际上,具有更多层的更深的深度神经网络模型,可能并不总是具有更好的高光谱影像分类结果和分类精度。这样的现象意味着一个非常深的神经网络模型,也可能只适合特定的研究。因此,深层残差学习网络的构建将成为增强浅层深度学习模型判别能力的新颖之处。换言之,相对较小的且浅层的神经网络模型,而不是一味追求的深层的深度神经网络,对于特定的研究也是可行的。事实上,较小的卷积网络模型可能在计算上更容易训练,也能取得相对满意的分类性能。

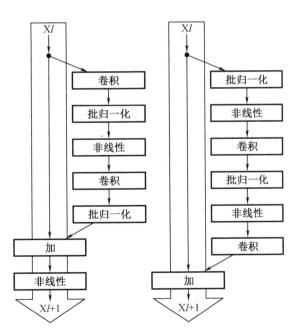

图5-1 残差学习网络架构中的残差单元

在本研究中,从深度残差网络(DRN)和密集连接网络(DenseNet)中提取关键结构部分,也即一组具有跳跃连接的复合结构。此外,本研究使这些卷积网络模型(也即 RNets 模型和 DNets 模型)与 PNets 模型尽可能相当或可比较,以便可以进行更深入的探索和改进。因而,本研究将这些结构组合在一起,并设计出可比较的平行(或称为肩并肩)卷积网络框架设计范式。因此,这项工作的目标是将最先进的残差学习结构引入高光谱影像分类任务,并研究它们之间的内在差异。本章节的其余部分组织如下,首先介绍相关工作的技术背景,其次说明残差学习结构和提出的卷积网络框架设计范式,接着分别介绍和讨论了实验结果,最后对实验工作进行结论性的总结。

相关研究表明,深度残差网络(DRN)和密集卷积网络(DenseNet),已成功应用于高光谱影像分类(HSIC),并实现了很高的分类精度。由于残差学习网络(ResNets)的块式结构化的创新性,以及缺乏对高光谱影像分类的深入探索研究,本研究提出了一种可比较的平行(肩并肩)卷积网络框架设计范式,包括两种使用少量训练样本改进的残差学习网络(ResNet),也即残差卷积网络(RNets)和密集卷积网络(DNets)。另外,考虑到浅层深度卷积神经网络(DCNN),残差卷积网络(RNets)仅保留恒等跳跃连接,并且密集卷积网络(DNets)仅在每个独立密集块内传递梯度信号和实现重用特征。实验表明,本研究所提出的残差学习网络(ResNet)对于高光谱影像分类(HSIC),显示出独特的特性,以前尚未有研究揭示过。就现有的文献而言,关于最先进的残差学习网络(ResNet)在高光谱影像分类任务中的应用,本研究所提出的方法提供了相当客观的评估和深入的研究。

5.2 深度残差网络原理

5.2.1 跳跃式连接

通常地,卷积神经网络中的连接存在于两个相邻层的神经元或卷积层之间。类似地,跳跃连接指的是连接不相邻层的神经元或卷积层的那些连接。跳跃连接最初作为门机制,由 Hochreiter 和 Schmidhuber 引入,有效地训练具有长短期记忆的循环神经网络(long short term memory RNN,简称 LSTM RNN),并避免梯度消失的问题。具体而言,梯度消失问题是指在深度卷积神经网络中的反向传播训练期间,梯度变得非常小、振荡、坍塌或爆炸。由于基于梯度的算法是主要的神经网络学习方法,因此梯度消失问题是训练深度神经网络的主要障碍。

Srivastava 等通过实验证明跳跃连接能够训练非常深的神经网络。实际上,He 等提出的深度残差网络(DRN),所具有较好的性能,也得益于跳跃连接设计,如图 5-2 所示。跳跃连接中的虚线表示从输入 X 到第 n 个构建块输出的跳跃连接,符号"$\oplus$"表示层元素间的加操作。近年来,许多研究人员试图从理论上解释跳跃连接背后的机制。例如,Orhan 和 Pitkow 声称跳跃连接也能够消除奇异值。然而,完全令人满意的理论解释,仍然是难以找到。

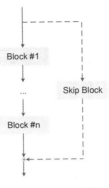

图5-2 跳跃连接

现有的理论证实,跳跃连接能克服梯度消失问题,并得到广泛的认可。当错误在给定卷积神经网络的多个层上反向传播时,经常发生梯度消失问题。由于跳跃连接能缩短后向传播的层数,因此可减轻梯度消失问题。正如上所述,卷积神经网络越深,处理复杂数据的能力就越强。结合未跳跃的连接,具有跳跃连接的卷积神经网络,可以具有深层神经网络结构所具有的能力,并且还可以被有效地训练。

5.2.2 深度残差网络

如图5-3所示,深度残差网络(DRN)是一种标准的前馈卷积神经网络,并添加一个绕过若干个卷积层的跳跃连接。每个跳跃连接会产生一个残差块结构,其中跳跃连接中的卷积层预测的残差结果,会加到当前残差块的输出张量上。深度残差网络(DRN)是一种模块化的神经网络架构,堆叠了几个称为残差块(或单元)的复合块结构,具有相同的连接形状。每个块的一般形式可以表示为:

$$y_k = F(x_k, W_k) + h(x_k) \qquad (5-1)$$

和

$$x_{k+1} = f(y_k) \qquad (5-2)$$

其中,x_k 和 x_{k+1} 是第 k 个块的输入和输出,并且 $F(\cdot)$ 是残差函数。那么,如果 $h(x_k) = x_k$ 是非线性变换,也即恒等或投影映射。$f(\cdot)$ 是 ReLU 等激活功能函数。$W_k = \{ W_k, k | 1 \leq k \leq K \}$ 是与第 k 个残差块相关联的一组权重和偏差,K 是残差块中的层数,也即 2 或 3。当 $h(\cdot)$ 不存在,$F(\cdot)$ 就退化为普通复合函数,然后残差块变为普通块。本研究设计了两种普通单元,也即包括卷积层、批归一化层和激活层等操作的复合块。"a"类表示一种普通块,也即两个或三个普通单元,又或者仅一个复合单元,而"b"类代表另一个版本。恒等连接执行恒等映射,而投影连接能够匹配维度。

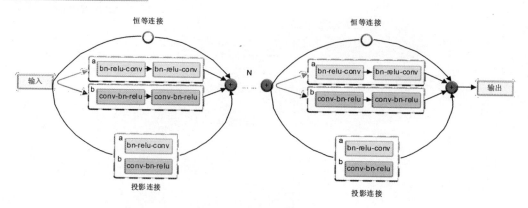

图5-3　深度残差网络结构

更深层次的卷积神经网络具有更强的表征能力,从较浅的特征表征派生出更深层次的特征表征。然而,更深的卷积网络模型往往在训练过程中,存在训练障碍。深度残差网络(DRN)通过添加跳跃连接来解决这个问题,跳跃连接已经成为一个极其深层的神经网络架构的必需结构单元,同时显示出更优的模型精度和良好的收敛行为,也即不仅更深,而且性能更好。此外,深度残差网络(DRN)需要更少的模型参数,这可以在卷积层扩展到数千层之后,获得持续改进的性能。然而,每次精度的改进,可能需要更多卷积层,导致特征重用减少的问题,使得神经网络训练非常慢。

5.2.3　密集连接网络

如图5-4所示,密集连接网络(DenseNet)使得密集块的输入接受来自所有先前密集块所输出的特征图。不同层的连续连接,可以帮助更有效地将梯度传递到较浅层;因此,这种操作可以减少梯度消失的问题。同时,前一层中的特征重用可以减少每层生成的特征数量并防止信息冗余。密集连接涉及非线性变换的组合,其中来自较深层的高复杂性和来自较浅层的低复杂性的变换。因此,密集连接网络(DenseNet)倾向于获得具有更好的泛化性能的平滑决策函数。这就是为什么密集连接网络(DenseNet)可以加深网络,同时避免过拟合。设 x_{k+1} 为第 k 层的输出,通过对第 k 层的输入 x_k,应用非线性变换 H_k 来计算输出 x_{k+1},其可以给出为

$$x_{k+1} = H_k(x_k) \tag{5-3}$$

其中 H_k 是复合的操作函数,也即批归一化(batch normalization,BN)层、校正线性单元(rectified linear units,ReLU)层和卷积层。为了更容易训练非常深的网络,一个残差块,将输入的恒等映射添加到输出 H_k 中,可以表示为

$$x_{k+1} = H_k(x_k) + x_k \tag{5-4}$$

残差块允许特征重用,并允许梯度直接流向前面的层。密集连接网络(DenseNet)提供了更复杂的连接模式,以前馈方式迭代地连接所有特征输出。因此,第 k 个输出层定义为

$$x_{k+1} = H_k([x_k, x_{k-1}, \cdots, x_0]) \tag{5-5}$$

[…]表示联结操作。这种混合模式鼓励特征重用,并支持卷积网络中的所有层接收直

接的监督信号。每个层 k 的输出维数具有 g 个特征图,称为生长速率参数,通常设置为较小的值,也即滤波器基数的一部分。因此,特征图的数量,随着神经网络深度的增加而线性增长。密集连接网络架构如图 5-4 所示。

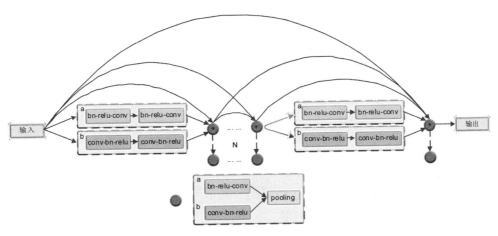

图 5-4 密集连接网络架构

密集连接网络(DenseNet)扩展了深度残差网络(DRN),通过引入的跳跃连接的思想,不仅在连续卷积层之间,而且在所有后续卷积层之间添加跳跃连接。密集块允许梯度信号跳过更多层,并且将损失函数与更早的层更紧密地联系起来。每个密集块的输入,将连接到卷积网络中包含的所有先前密集块的输出。空的圆形表示每个密集块之后的过渡块。密集连接网络中的跳跃连接也被认为鼓励特征重用,通过从多个卷积层向后面的层发送信号,从而在更紧凑的卷积网络中产生更具表现的能力。

5.3 结构化残差网络原理

在本节中,将描述所提出方法的细节。值得说明的是,在深度学习(DL)分类模型之间进行公平比较时,保持其网络结构、网络深度和参数设置尽可能地相似,显得非常重要。本研究所提出的卷积网络架构包括基于普通结构的普通卷积网络(PNets),基于残差结构的残差卷积网络(RNets)和基于密集结构的密集卷积网络(DNets)及其参数设置,在以下小节中进行详细描述。

5.3.1 残差结构

如图 5-5 所示,根据两种最先进的残差学习网络(ResNets),可以定义三种复合块结构,分别是普通卷积块结构、残差卷积块结构和密集卷积块结构。普通结构的卷积块没有跳跃连接,相当于退化后的残差结构,而密集结构则相当于将加操作替换为联结操作,增加过渡块结构,并实现多卷积块间联结。

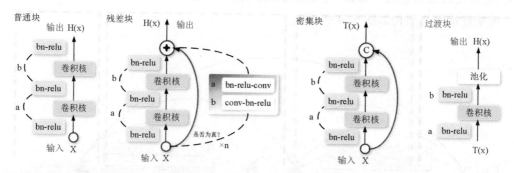

图 5-5　复合残差学习结构,即普通块,残差块和具有过渡块的密集块。这里,"+"表示加性操作,"C"表示联结操作。

　　普通块(place block)是由若干操作组成的普通单元构成,也即批归一化层(BN),校正线性单元层(ReLU)和特定顺序的卷积层。普通的卷积神经网络结构包含两个或更多个普通块,就像没有跳跃连接的退化残差结构一样。普通块结构通常由 1×1 卷积组成,具有与基本滤波器相同数量的特征图,假设给定为 32,然后是 3×3 卷积,使基本滤波器数量加倍。也就是说,从具有 m 个特征图的输入开始构造普通块,同时以具有 64 个特征图的输出结束。

　　残差块(residual block)是一种特殊的残差单元,它为普通块添加了一个快捷连接,也即跳跃连接。当输入和输出张量具有相同的尺寸时,也即条件为真,可以直接使用恒等连接方式,否则使用投影连接方式,也即条件为假。也就是说,对于跳跃连接,有两个选项:(1)恒等连接方式,执行恒等映射;(2)投影连接方式,匹配输入和残差层的维度。另外,在本研究中,基于具有额外恒等连接的普通块构造残差块,使其获得相比于普通块,与输入层有相同数量的特征图的输出层。

　　密集块(dense block),从具有 m 个特征图的输入 x_0 开始构造。块的第一层通过应用 $H_1(x_0)$ 生成维度为 k 的输出 x_1。然后通过连接($[x_1, x_0]$)将这些 k 个特征图堆叠到先前的 m 个特征图,并将其用作具有 $k+m$ 个特征图的输入到下一层。在该研究中,密集块中的过渡子块通过约简率参数来减小特征图的空间维,也即卷积网络宽度,或者说减少一半。

　　过渡子块(transition block)结构通常由 3×3 大小的卷积组成,其具有一半数量的特征图,然后是 2×2 池化操作。密集块和过渡块的组合,也即密集组合结构,能获得具有($k+m$)/2 个特征图的更新后的输出层。实际上,本研究中的密集块与残差块仅在合并操作有所不同,也即前者为联结,后者为求加。结果是,两个结构的输出具有不同数量的特征图。

5.3.2　网络架构设计

　　残差学习网络的基线网络是普通卷积网络(PNets)。本研究提出了一种与基线网络相类似的平行卷积网络框架设计范式,用于比较残差卷积网络(RNets)和密集卷积网络

（DNets），以便尽可能小地抑制任何差异性，并保留它们的大多数共同的部分。

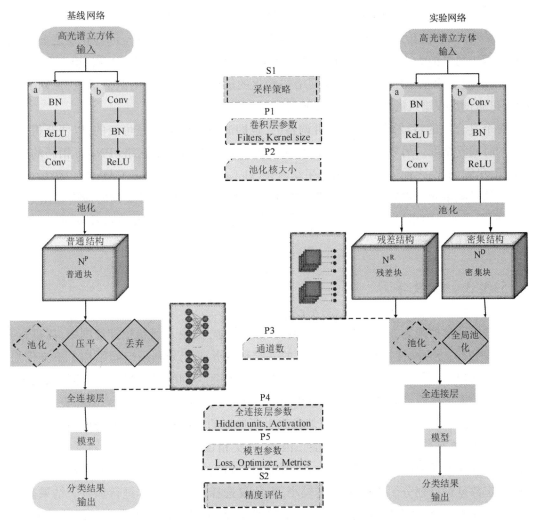

图5-6 普通卷积网络，残差卷积网络和密集卷积网络的网络架构设计

其中，$S_i\{i=1,2\}$ 表示关键子流程，并且 $P_j\{j=1,2,3,4,5\}$ 表示一组参数设置。需要注意的是，所提出的卷积网络框架体系包括三种独立的卷积网络架构。对于所有网络，卷积网络深度可以通过下式计算得到：

$$N^* \times \kappa + \tau \tag{5-6}$$

其中，N^* 表示重复次数，也即 N 为 1 到 4，$*$ 可以是 P、R 或 D。则有，N^P 对应于普通卷积网络，N^R 对于残差卷积网络，N^D 对于密集卷积网络。κ 表示数量，包括在每个复合结构中的参数层的数量，以及其他特定大小为 τ 的固定参数层的数量。也就是说，随着每个复合结构的重复增长，比如重复 N 次，那么卷积网络的深度将相应规律地成倍变化。

如图5-6所示，本研究提出的卷积网络框架头部存在一个公共单元，也即一个普通单元，其被视为所有卷积网络架构的第一个复合层。除了包括两个或更多复合结构部分之外，卷积网络的其他部分保持尽可能地相同或相似。首先，输入数据，也即三维图块，被输入到第一个普通单元,其中数据张量的大小,也即特征图的大小是$(P_{Row}, P_{Col}, B_{ands})$,其中$B_{ands}$是对于三维高光谱立方体的通道数。大小为3×3的卷积内核将被分配给普通单元,其中滤波器的数量是64,也即滤波器基数的2倍,并且默认采用步幅2。然后,最大池化层紧接着公共单元之后,其大小为2×2,具有步幅2。注意,在卷积单元和空间池化层之前,分别放置了两个另外的大小为3×3和1×1的填充操作。批归一化层,也即BN层,组合在普通单元中,以加速后续训练并降低对神经网络初始化的敏感度,同时应用激活函数,也即ReLU函数,以通过加权输入的非线性组合生成非线性决策边界。

每个复合块的特征图的大小是可调整的,也即滤波器的数量是可变的,以便获得每层预期的时间复杂度。另外,残差学习网络实际上包含与普通卷积网络(PNets)相同的完全连接层;尽管如此,之前还有一个全局平均池化(global average pooling,GAP)层。最后,完全连接层的隐藏单元被设置为地物类别的数量。因此,所有卷积网络架构的最终输出是(1,class)向量。如果输出向量中的第i个元素,也即预测概率,具有最大预测概率,那么第i个标签是输入样本的预测标签。

5.3.3　参数学习

波谱值通常被视为矢量格式,也即一维像素立方体,被输入到卷积神经网络,以进行高光谱影像分类。然而,使用高光谱立方体的一维形式并未充分利用空间结构上下文信息。因此,可以将具有所有光谱波段的三维图块,标记为特定类别的单个样本,也即邻域或中心像素周围的方形图块,用于随后的训练和测试。由于高光谱影像分类中,训练集的尺寸较小,深度神经网络模型的分类性能,可能取决于所选择的训练样本。也就是说,具有良好表征的训练集,更有可能获得较好的性能。因此,分类精度可能因所选择的训练样本不同而不同。顾及残差学习网络(ResNets)彼此间的可比较性,使用的地面真实参考样本,将以固定的特定数量进行划分。由于训练集较小,因此仅选择有限的样本进行训练。结果是,训练样本集随机选择60个样本被分配到每个类别,以及选取与训练集大小相同的验证样本集,而其余样本作为测试样本集。

残差学习网络的参数学习过程,主要包括:(1)制作输入图块;(2)确定采样策略;(3)训练模型;(4)评估模型;(5)目标样本的类别预测;(6)记录训练和测试的时间;(7)计算分类精度;和(8)分类图和概率图的输出。本实验中,7×7图块中的每个像素及其邻域被视为单个样本。因此,每个样本的数据大小为$7×7×B_{ands}$。通常,每个普通单元中的卷积滤波器的大小是W,那么W可以是1、3、5或甚至更大。其中,1×1卷积核通常用于提取不同波段之间的光谱特征,或改变卷积网络宽度。需要注意的是,所设计的卷积网络结构中包含的任何操作或单元,都不会改变特征图的空间大小。也就是说,围绕输入或特征图的任何填充操作都采用"相同"的边界模式,这使得输出特征图的大小与输入相同。由于使用了丢弃操作,深度卷积神经网络(DCNN)模型可以学习更鲁棒的特征,并降低噪声的影响。因此,在普通卷积神经网络中存在一个具有特定概率的丢弃层。

在训练和推理的过程中,首先将训练样本,也即三维图块,随机分成一些特定尺寸的批迭代地参与训练,每迭代一次称为代。本研究实验中,批大小设置为32,而学习率分配为1.0e−4。所有涉及的深度神经网络分类模型,都使用一阶梯度优化的随机目标函数进行训练,也即Adam算法。对于200个代,每个代中,一次仅将一个批输入到序列模型中用于训练,验证过程相类似。除了早期停止选项之外,训练过程将不会停止,直到达到预定的最大迭代次数。对于推理过程,实验中会将所有测试样本输入到序列模型中,并且可以通过在输出向量中,找到最大预测概率来获得最终的预测标签。由于预测概率并不总是相同的空间密度,本研究使用最小−最大缩放(Min−Max scalar)将所有预测值转换为0−1的分布区间。之后,本研究绘制原始高光谱影像数据的整个场景中的所有最大预测概率,以描绘可能出现的弱预测结果的空间密度。

随机执行(random run)或者称为蒙特卡罗运行(Monte Carlo run),对于通过深度学习分类任务中的重复随机抽样获得可靠结果来说特别有用。因此,考虑到卷积神经网络中可能存在的随机性,本研究重复执行每个模型对每个数据集进行30次的随机采样。因为每次独立运行的训练样本是独立一次从同一类别中随机选择的,所以不管可能的噪音或污染如何,预计不同次的运行会产生几乎一致的结果。残差学习网络(ResNet)实现高光谱影像分类为例,如图5−7所示,采用30个随机样本集$\{D_i : i = 1 \text{ to } 30\}$,大多数随机运行结果看起来是一致的,除第3次、第15次和第28次运行,也即训练集$\{D_3, D_{15}, D_{28}\}$值得特别关注,这就意味着密集卷积网络(DNets)分类模型的健壮性可能不如普通卷积网络(PNets)和残差卷积网络(RNets)等特定的分类模型。同时,残差卷积网络(RNets)的分类模型确实在多次随机运行中表现出更好的性能。

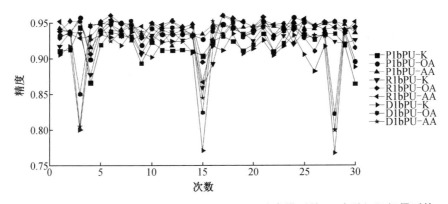

图 5−7　PU 数据集采用(a)PNets,(b)RNets 和(c)DNets 分类模型的 30 次随机运行得到的 K,OA 和 AA 精度值

表 5−1　PU 数据集采用 P1bPU,R1bPU 和 D1bPU 分类模型随机运行的统计精度

次	P1bPU 模型			R1bPU 模型			D1bPU 模型		
	K	OA	AA	K	OA	AA	K	OA	AA
5	0.913 3± 0.019 6	0.934 8± 0.014 7	0.937 2± 0.013 6	0.917 6± 0.036 5	0.937 6± 0.028 6	0.942 4± 0.012 5	0.895 2± 0.028 4	0.921 0± 0.021 5	0.912 4± 0.041 6

表 5-1(续)

次	P1bPU 模型			R1bPU 模型			D1bPU 模型		
	K	OA	AA	K	OA	AA	K	OA	AA
30	0.917 9± 0.018 4	0.938 2± 0.014 2	0.939 8± 0.008 7	0.924 3± 0.019 0	0.943 2± 0.014 5	0.941 1± 0.016 7	0.902 5± 0.043 4	0.926 5± 0.033 4	0.925 9± 0.037 8

就五次随机地独立运行而言,随机选择的训练样本对分类性能有着重要影响。例如,最佳精度是由普通卷积网络(PNets)和残差卷积网络(RNets)模型在第 3 个训练集上获得的,同时第 4 个和第 15 个随机训练集会导致所有模型的性能低于其他次的模型性能。如表 5-1 所示,由统计精度可知,深度学习分类模型 P1bPU、R1bPU 和 D1bPU 的分类精度,也即 K,OA 和 AA,当以 30 次随机运行计算,几乎等于 5 次运行的分类精度。实验结果表明,总共 5 次独立的随机运行是具有代表性的,且效果上是合适的。另外,本研究观察到总共 30 次独立随机运行的概率统计,也与 5 次独立随机运行的统计结果相一致。需要说明的是,与重复多次不同,随机运行每次使用不同的训练集,可以实现更可靠的分类结果,但是存在可能降低总体精度统计的风险。

5.4　实验结果与分析

在本节中,使用的精度指标有总体精度(OA),平均精度(AA)和 Kappa 系数(Kappa 或 K),将残差学习网络(ResNets,包括 RNets 和 DNets)与 PNets 进行比较。然后,报告实验结果和分析。因为每个深度神经网络分类模型分别针对三个数据集运行五次,所以存在的差异,意味着由数据集的多样性引起的差异。这里首先说明第一次运行结果,然后再讨论其他次的运行结果。对于五次独立的随机运行,每个地物类别中有 60 个样本会被随机地选择进行训练,另外随机的 60 个样本进行验证,其余的样本可供测试以评价分类精度。每次运行的结果都会略有不同,因为深度神经网络中存在固有的随机性。

5.4.1　实验设计

本研究实验平台为配备 Intel Core i7-4810MQ 8 核 2.80 GHz CPU,16 GB 内存和 4G NVIDIA GeForce GTX 960M 显卡的笔记本电脑。训练过程在 GPU 上运行,以获得快速的速度。因为使用少样本训练集训练深度学习分类模型,并执行 200 个代以获得最佳的模型权重,可以在几分钟内完成所有深度学习分类模型的训练。为了与普通卷积网络(PNets)完全地可比或易于比较,本研究将不同的残差学习网络(ResNet)的参数学习设置,尽可能地保持相似。高光谱影像数据集的训练过程,主要包括训练样本的确定以及训练和验证过程的精度和损失记录。采样策略对于获得良好性能至关重要,尤其是当样本有限。本研究针对每个数据集运行每个神经网络分类模型五次,同时保持相同大小的训练集和验证集,一次性地从地面真实参考样本中随机抽取,然后剩余的样本将被视为测试样本集。

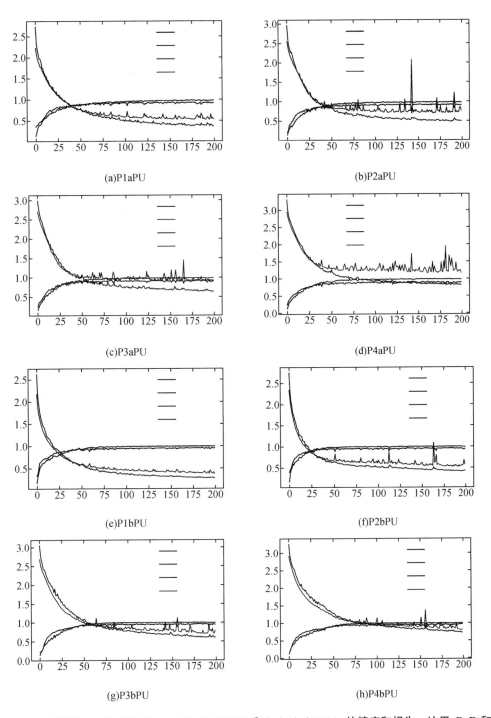

图5-8 PU 数据集,(a)-(h) PNets,(i)-(p) RNets 和(q)-(x) DNets 的精度和损失。这里,P,R 和 D 分别表示网络的类型;子图标题中的 1-4 表示复合结构中包括的每个块的重复次数,也即复合块的数量;"a"和"b"表示两种类型的普通块单元。

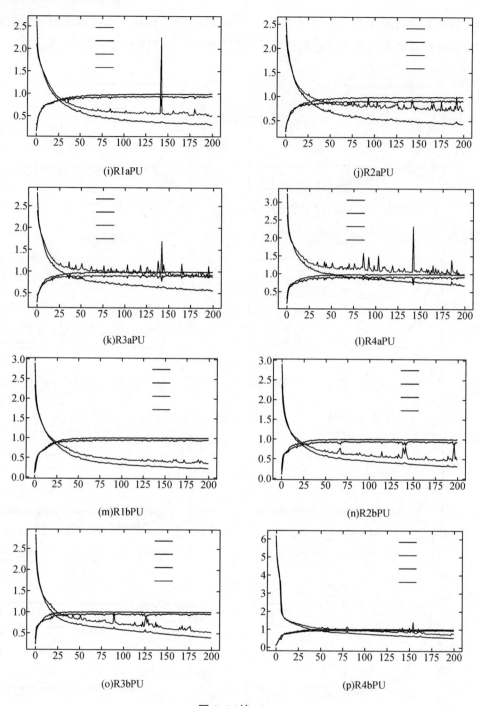

(i)R1aPU

(j)R2aPU

(k)R3aPU

(l)R4aPU

(m)R1bPU

(n)R2bPU

(o)R3bPU

(p)R4bPU

图 5-8(续 1)

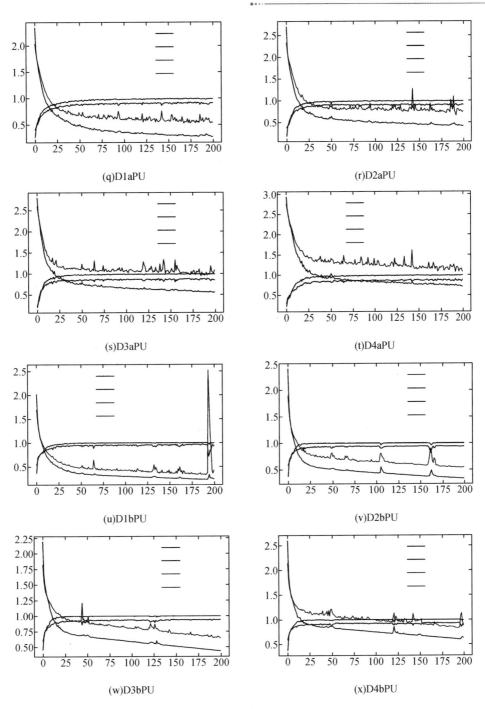

(q)D1aPU

(r)D2aPU

(s)D3aPU

(t)D4aPU

(u)D1bPU

(v)D2bPU

(w)D3bPU

(x)D4bPU

图 5-8(续 2)

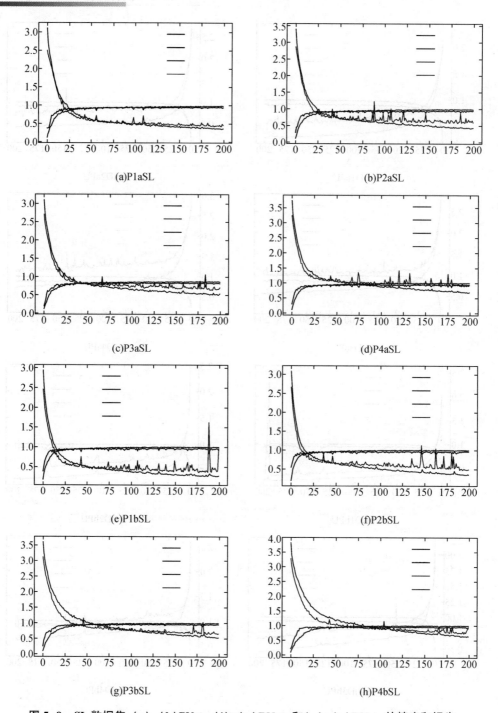

(a)P1aSL

(b)P2aSL

(c)P3aSL

(d)P4aSL

(e)P1bSL

(f)P2bSL

(g)P3bSL

(h)P4bSL

图 5-9　SL 数据集,(a)-(h) PNets,(i)-(p) RNets 和(q)-(x) DNets 的精度和损失

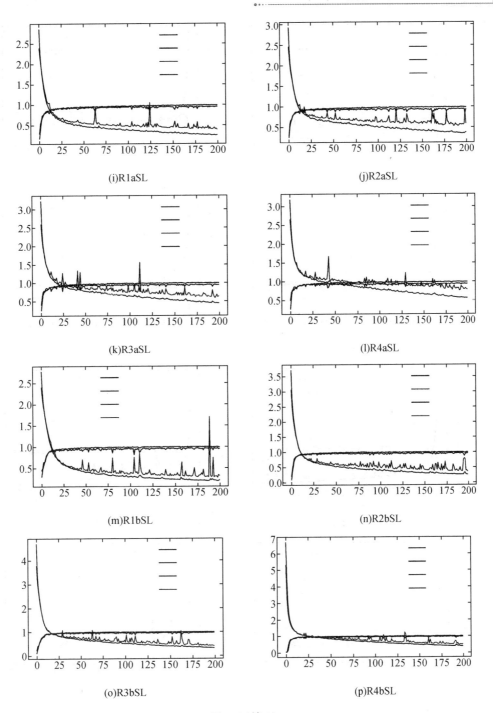

(i)R1aSL

(j)R2aSL

(k)R3aSL

(l)R4aSL

(m)R1bSL

(n)R2bSL

(o)R3bSL

(p)R4bSL

图 5-9(续 1)

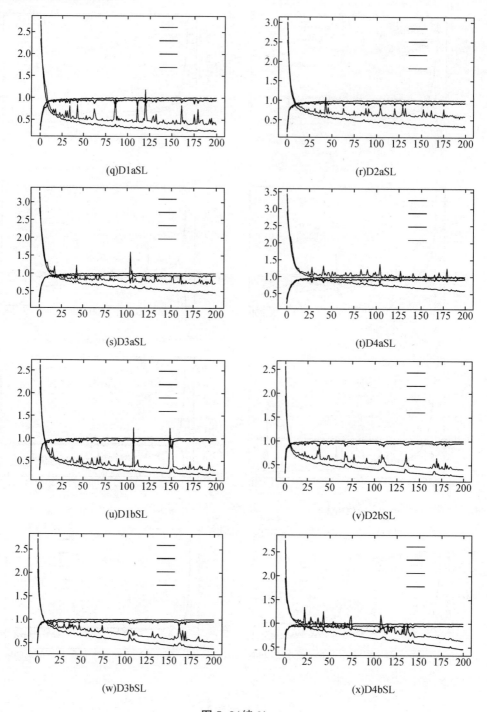

(q)D1aSL

(r)D2aSL

(s)D3aSL

(t)D4aSL

(u)D1bSL

(v)D2bSL

(w)D3bSL

(x)D4bSL

图 5-9(续 2)

    随机打乱这些设计集,可以减少随机效应的影响,并记录平均精度。本研究中,训练样本和验证样本,也即中心像素,分别是来自高光谱影像数据集的每个类别中 60 个随机选择的样本。这些稀疏的样本将被输入到不同的深度学习分类模型,以便为后续推理和标签分配找到最佳的模型权重。当训练过程继续时,将输出精度和损失的统计结果并绘制曲线。训练和验证过程的精度和损失,取决于许多因素,无论如何都显示了一个卷积网络模型是否合格,以及该网络模型是在局部还是全局收敛,以及对应的卷积网络超参数是否经过很好的训练得到,以适应后续的处理。每次独立运行都有其相应的精度和损失曲线,本研究仅显示第一次运行的输出结果。随着迭代次数的增加,每个子图的水平轴代表200个代,如图5-8和5-9所示。随着验证损失变小,将保存最佳的模型权重,这意味着全局收敛的方向。根据精度和损失曲线,所有深度神经网络分类模型在全局收敛方面,看起来都较为合格,而且很少有具有尖锐的局部最小的模型,除了P2aPU,R1aPU,R4aPU,D1bPU,P1bSL和R1bSL模型。

通常,随机梯度发现的损失函数的局部最小值,应该在整个曲线中尽可能地平滑。但是,Dinh等发现尖锐的局部极小值,并不会必然地降低深度神经网络的泛化能力。需要注意的是,对于PU和SL数据集,残差学习模型分别在大约50个和25个代之前更快地趋于稳定,而普通卷积网络(PNets)的模型分别在大约75个和50个代,训练和验证的精度倾向于饱和,也即精度曲线倾向于水平,并且训练精度有时会比验证精度稍高。此外,与普通卷积网络(PNets)的模型相比,残差学习模型(包括RNets和DNets)显示出更好的收敛速度或收敛行为。随着复合块的重复生长,也即更多参数层,所有深度神经网络分类模型都出现相同的行为,也即验证损失的饱和水平变得更高。需要注意的是,本研究在同一图表中绘制精度和损失曲线,精度的范围为[0,1]。

5.4.2 分类结果与评价

当训练过程成功完成后,接下来地,将是如何将未标记的样本分类到适当的类别中。在这种情况下,可以考虑两种场景,一种是整个场景,覆盖原始高光谱数据的整个区域;另外一种是参考场景,覆盖所有地面真实参考样本区域。如图5-10所示,针对PU数据集的分类图(参考场景)具有不同的特征,因为处于城市区域,而SL数据集采集于自然或野外区域。就高光谱影像数据集的平均辐射能量而言,PU数据集和SL数据集明显不同。对于PU数据集和SL数据集,每个类别分别随机地选择60个训练样本,也即三维图块,通过残差学习网络(ResNet)进行训练和预测,则可以得到最终的分类图。

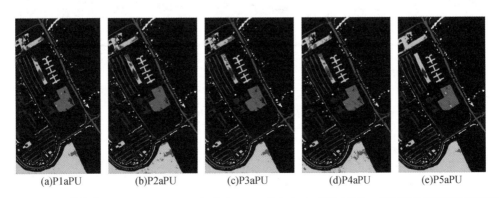

(a)P1aPU   (b)P2aPU   (c)P3aPU   (d)P4aPU   (e)P5aPU

图5-10 PU数据集,(a)-(h)PNets-,(i)-(p)RNets-和(q)-(x)基于DNets模型的分类图(参考场景)

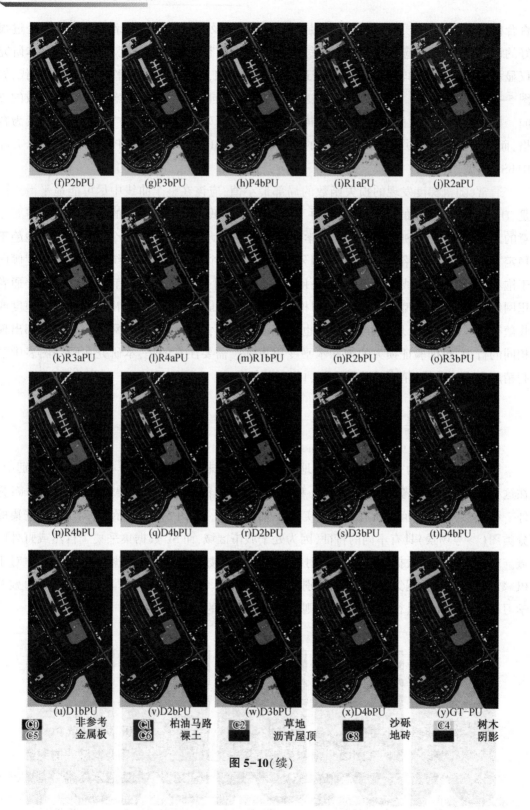

(f)P2bPU　　(g)P3bPU　　(h)P4bPU　　(i)R1aPU　　(j)R2aPU

(k)R3aPU　　(l)R4aPU　　(m)R1bPU　　(n)R2bPU　　(o)R3bPU

(p)R4bPU　　(q)D4bPU　　(r)D2bPU　　(s)D3bPU　　(t)D4bPU

(u)D1bPU　　(v)D2bPU　　(w)D3bPU　　(x)D4bPU　　(y)GT-PU

| C0 | 非参考 | C1 | 柏油马路 | C2 | 草地 | | 沙砾 | C4 | 树木 |
| C5 | 金属板 | C6 | 裸土 | | 沥青屋顶 | C8 | 地砖 | | 阴影 |

图 5-10（续）

表 5-2　PU,SL 和 SA 数据集的每个模型的分类精度

Models	PU			SL			SA		
	K	OA	AA	K	OA	AA	K	OA	AA
P1a	0.861 6± 0.013 8	0.894 2± 0.011 2	0.915 1± 0.006 5	0.885 7± 0.014 7	0.897 2± 0.013 3	0.952 1± 0.007 1	0.992 6± 0.006 3	0.994 2± 0.005 0	0.992 8± 0.005 3
P1b	0.913 3± 0.019 6	0.934 8± 0.014 7	0.937 2± 0.013 6	0.891 7± 0.035 7	0.903 5± 0.031 2	0.952 3± 0.021 7	0.998 0± 0.001 3	0.998 4± 0.001 1	0.998 4± 0.000 5
P2a	0.847 3± 0.022 6	0.883 6± 0.018 4	0.900 7± 0.008 8	0.862 1± 0.009 1	0.875 8± 0.008 2	0.940 7± 0.013 7	0.994 8± 0.001 4	0.995 9± 0.001 1	0.996 3± 0.001 4
P2b	0.887 4± 0.041 6	0.914 0± 0.033 0	0.923 4± 0.022 1	0.869 4± 0.045 5	0.882 2± 0.041 7	0.942 0± 0.026 8	0.997 4± 0.002 4	0.998 0± 0.001 9	0.998 2± 0.001 1
P3a	0.832 0± 0.030 8	0.872 0± 0.024 9	0.882 6± 0.020 2	0.868 5± 0.017 9	0.881 7± 0.016 4	0.945 8± 0.006 9	0.993 3± 0.005 4	0.994 7± 0.004 3	0.996 0± 0.002 5
P3b	0.908 5± 0.021 0	0.930 9± 0.016 3	0.934 3± 0.009 1	0.887 0± 0.030 8	0.899 0± 0.027 3	0.949 4± 0.023 0	0.997 8± 0.002 4	0.998 2± 0.001 9	0.998 2± 0.001 4
P4a	0.823 7± 0.005 5	0.865 4± 0.004 5	0.884 4± 0.010 4	0.864 2± 0.018 8	0.878 1± 0.017 2	0.940 6± 0.013 9	0.993 8± 0.003 3	0.995 1± 0.002 6	0.996 2± 0.001 6
P4b	0.897 4± 0.013 9	0.922 5± 0.010 7	0.928 1± 0.011 4	0.884 2± 0.023 4	0.896 5± 0.020 6	0.938 4± 0.031 3	0.996 4± 0.003 6	0.997 2± 0.002 9	0.997 8± 0.001 7
R1a	0.857 3± 0.033 9	0.890 4± 0.027 8	0.914 8± 0.007 1	0.890 8± 0.007 6	0.902 0± 0.007 0	0.955 9± 0.001 6	0.994 8± 0.003 0	0.995 9± 0.002 3	0.993 5± 0.004 5
R1b	0.917 6± 0.036 5	0.937 6± 0.028 6	0.942 4± 0.012 5	0.921 3± 0.011 8	0.929 5± 0.010 5	0.970 1± 0.004 8	0.998 7± 0.001 3	0.999 0± 0.001 0	0.998 8± 0.000 8
R2a	0.851 4± 0.017 4	0.886 7± 0.014 2	0.903 2± 0.006 7	0.874 7± 0.017 4	0.887 4± 0.016 0	0.945 2± 0.005 4	0.993 2± 0.003 4	0.994 6± 0.002 7	0.995 2± 0.001 5
R2b	0.906 7± 0.030 1	0.929 9± 0.022 4	0.931 5± 0.032 5	0.900 2± 0.033 9	0.910 1± 0.031 0	0.965 8± 0.007 0	0.998 1± 0.001 1	0.998 5± 0.000 9	0.998 6± 0.000 4
R3a	0.851 0± 0.021 5	0.886 4± 0.017 1	0.899 8± 0.011 0	0.859 2± 0.015 7	0.873 4± 0.014 5	0.931 9± 0.017 9	0.991 3± 0.006 3	0.993 1± 0.005 0	0.994 6± 0.002 9
R3b	0.914 7± 0.010 4	0.935 9± 0.007 8	0.930 8± 0.020 5	0.903 3± 0.018 1	0.913 1± 0.016 6	0.963 4± 0.008 3	0.997 2± 0.003 5	0.997 8± 0.002 8	0.998 1± 0.001 9
R4a	0.836 5± 0.025 7	0.875 1± 0.021 0	0.888 1± 0.014 6	0.873 9± 0.012 2	0.886 8± 0.011 2	0.947 7± 0.005 9	0.993 0± 0.002 6	0.994 5± 0.002 1	0.995 1± 0.001 2
R4b	0.916 4± 0.016 8	0.937 1± 0.012 8	0.938 0± 0.010 0	0.892 3± 0.018 2	0.903 2± 0.016 7	0.955 9± 0.011 8	0.998 8± 0.000 5	0.999 1± 0.000 4	0.998 8± 0.000 6

表 5-2(续)

Models	PU			SL			SA		
	K	OA	AA	K	OA	AA	K	OA	AA
D1a	0.856 6± 0.017 4	0.891 1± 0.013 8	0.900 8± 0.004 5	0.874 0± 0.009 0	0.886 6± 0.008 3	0.951 6± 0.003 9	0.993 6± 0.007 8	0.994 9± 0.006 1	0.995 5± 0.003 7
D1b	0.895 2± 0.028 4	0.921 0± 0.021 5	0.912 4± 0.041 6	0.899 4± 0.013 2	0.909 5± 0.011 9	0.964 7± 0.005 3	0.998 6± 0.001 1	0.998 9± 0.000 9	0.998 8± 0.000 8
D2a	0.817 0± 0.012 7	0.860 6± 0.009 9	0.877 2± 0.012 8	0.851 7± 0.017 0	0.866 7± 0.015 4	0.938 4± 0.009 0	0.995 1± 0.002 2	0.996 1± 0.001 8	0.995 5± 0.002 0
D2b	0.913 5± 0.006 1	0.935 0± 0.004 5	0.934 2± 0.005 2	0.882 1± 0.013 9	0.894 4± 0.012 4	0.955 1± 0.007 3	0.998 7± 0.001 2	0.999 0± 0.000 9	0.998 9± 0.000 7
D3a	0.785 5± 0.013 8	0.835 4± 0.012 2	0.855 1± 0.004 8	0.846 6± 0.006 7	0.862 0± 0.006 2	0.938 4± 0.005 0	0.993 3± 0.003 5	0.994 7± 0.002 8	0.995 1± 0.001 5
D3b	0.892 4± 0.008 1	0.919 1± 0.006 3	0.920 7± 0.009 8	0.865 9± 0.019 9	0.879 3± 0.018 2	0.944 6± 0.022 4	0.998 3± 0.001 5	0.998 7± 0.001 2	0.998 7± 0.000 8
D4a	0.766 3± 0.017 5	0.819 4± 0.015 6	0.852 0± 0.008 0	0.816 8± 0.025 1	0.835 2± 0.022 7	0.904 2± 0.026 7	0.984 7± 0.017 9	0.987 9± 0.014 2	0.990 5± 0.008 5
D4b	0.869 9± 0.014 2	0.902 0± 0.010 4	0.892 3± 0.045 4	0.888 5± 0.016 4	0.899 8± 0.014 9	0.959 1± 0.005 4	0.998 6± 0.001 2	0.998 9± 0.000 9	0.998 7± 0.000 9

　　PU 数据集的错分误差,主要是由一些破碎的地表结构,类内变异性和非均质地表覆盖引起的,并且主要存在于较大区域多边形的内部。例如,大块裸土(第 C6 类)可能是非均质的,其中可能有草地(第 C2 类)和砾石(第 C3 类)。此外,金属板(第 C5 类)附近的条纹状草地也包含裸土或砾石,可能是由于密度较低的草地造成的。因此,可以推测出,由于地表光谱的复杂性,基于像素的分类方法的任何极高精度,即接近 1.0,有可能是不合理的。这种结论所支持的实验结果,在接下来的精度评估和不确定性分析中得到反映。SL 数据集的错分类误差,是由左上角的两个特别大的区域 Vinyard_untrained(第 C15 类)和 Grapes_untrained(第 C8 类)引起的,如图 5-11 所示。实际上,尽管高光谱影像具有与光谱分辨率有关的特定能力,但 Vinyard_untrained 类别和 Grapes_untrained 类别的区分确实非常困难。此外,Lettuce_romaine_7wk(第 C14 类)条纹块的右端,显示了一些可能不可避免的错分误差。

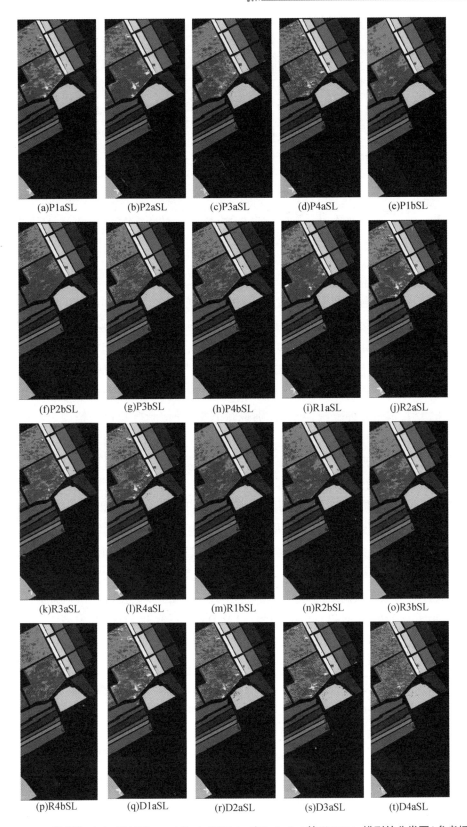

图 5-11 **SL** 数据集,(**a**)-(**h**)**PNets**-,(**i**)-(**p**)**RNets**-和(**q**)-(**x**)基于 **DNets** 模型的分类图(参考场景)

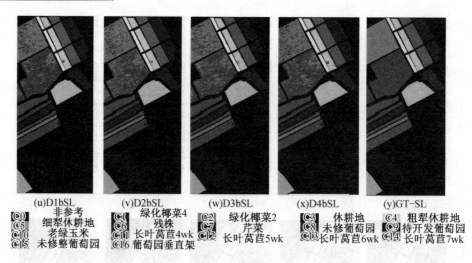

(u)D1bSL　　　(v)D2bSL　　　(w)D3bSL　　　(x)D4bSL　　　(y)GT-SL

非参考

C0 细犁休耕地　　C1 绿化椰菜4　　C2 绿化椰菜2　　C3 休耕地　　C4 粗犁休耕地
C5 老绿玉米　　　C6 残株　　　　C7 芹菜　　　　C8 未修葡萄园　C9 待开发葡萄园
C10 未修整葡萄园　C11 长叶莴苣4wk　C12 长叶莴苣5wk　C13 长叶莴苣6wk　C14 长叶莴苣7wk
C15　　　　　　　C16 葡萄园垂直架

图 5-11(续)

正是因为,地表覆盖类别中的地表物质材料,出现在另一个采样区域的情况,导致上述错分类现象。从像素级分类的角度来看,这种错分类误差的存在,意味着某种合理性。这里,光谱相近的类别之间的错分误差和漏分误差表明,样本间的类间变异性或异常性较低。本研究实验中,几种广泛使用的精度指标,即 OA,AA 和 K,用于评估最终的分类结果或性能。这些精度指标,计算自与特定位置有关的混淆矩阵。本研究针对三个数据集,每个深度学习分类模型,采用五种随机样本,分别执行五次,并记录所获得的精度,以计算最终的统计平均值和标准误差。

相比于其他类型的分类模型,R1b * 类模型可实现最佳的分类性能。由于大多数深度学习分类模型的分类精度接近饱和,也即接近 1.0,如表 5-2 所示。因此,SA 数据集的每个分类模型都证明了分类模型在性能测度方面,是否符合的简单基准数据集。需要注意的是,随着每种类型卷积网络的深度变得更深,深度神经网络分类模型的性能将逐渐下降。本研究实验观察到 PU 数据集和 SL 数据集的所有模型,在精度 K 和 OA 方面表现非常一致,而平均精度 AA,则看起来有点不一致,例如,PU 数据集的 D4bPU 模型和 SL 数据集的 P4bSL 模型。关于不同数据集的每种分类模型的性能,看起来有些差异,例如,R1aPU 模型和 R1aSL 模型,D2bPU 模型和 D2bSL 模型,以及 D3bPU 模型和 D3bSL 模型。

为了清楚地显示具有相同数量的复合块结构的模型之间的差异,也即相同的重复次数。此外,对于 PU 和 SL 数据集,本研究比较了每三个模型的分类精度,也即普通卷积网络(PNets)分类模型和残差卷积网络(RNets)分类模型,以及分别具有相同重复次数的密集卷积网络(DNets)分类模型。与分类精度相关的总结,可以归纳如下:(1)每种深度神经网络分类模型都获得了代表性的性能;(2)残差卷积网络(RNets)分类模型相比于其他分类模型,具有更明显的优势;(3)不同种类的复合函数,也即普通单元,可能会对分类精度的较大影响。

5.4.3 性能分析

关于不确定性分析的相关工作,也即输出概率的分位数统计和概率图,以前很少被考虑过。本研究试图提供一些关于残差学习网络(ResNet)之间内在差异的见解,同时不过分强调对性能评估的关注。概率图用于观察最大预测概率的空间分布,并发现弱预测的空间密度。除了 D1bPU 模型之外,对于各种深度神经网络分类模型,本研究分别选择最佳的深度神经网络分类模型,并且进行最大预测概率的统计和可视化分析。试验表明,残差卷积网络(RNets)分类模型在概率统计方面,对于分离异常值,使用了较低阈值,如图 5-12 和 5-13 所示。也就是说,相比于普通卷积网络(PNets)分类模型和密集卷积网络(DNets)分类模型,对于类别的预测结果,能更好地获得可靠的预测概率。

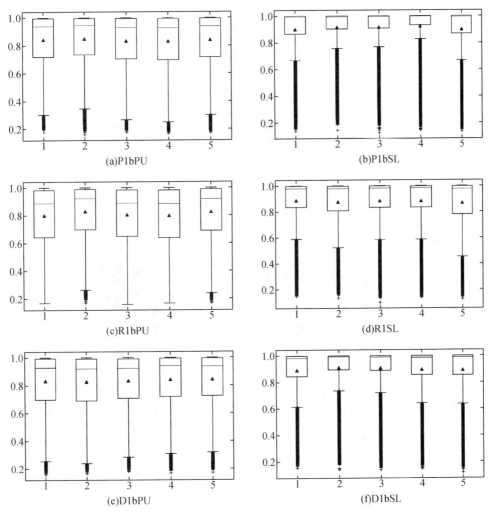

图 5-12 概率统计

盒图描绘了五次随机运行,针对每种数据集,每种深度网络的最佳模型。箱中的线表示概率中值,三角形表示概率平均值,每侧的上限表示分离潜在异常值的阈值。横轴上的刻度标签代表每次独立的随机运行。

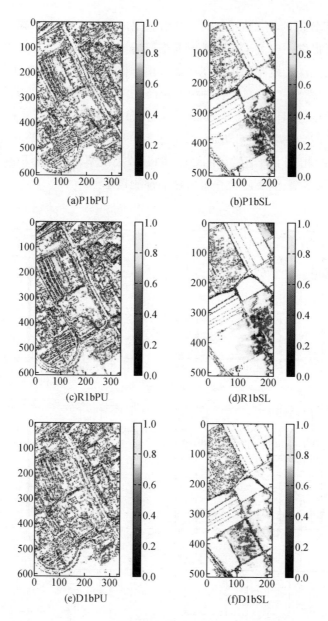

图 5-13 (a) P1bPU,(b) P1bSL,(c) R1bPU,(d) R1bSL,(e) D1bPU 和(f) D1bSL 模型的概率图

本项实验中,概率图没有特别的贡献,对于 SL 数据集,密集卷积网络(DNets)分类模型和另外两类神经网络模型之间,只能观察到 Fallow(第 C3 类)和 Soil_vinyard_develop(第 C9 类)具有明显的表征上的差异。此外,所有深度神经网络分类模型,都能获得与类别预测和标签分配有关可信的最大预测概率。神经网络参数在分析深度卷积网络模型的计算复杂性中起着重要作用,通过固定的卷积网络参数,从而可以导出深度神经网络模型的训练效率。通常,针对特定数据集设计的卷积网络架构,可以确定总网络参数。残差学习网络

（ResNet）模型之间的网络参数上的差异，主要取决于可比较的平行（或称为肩并肩）网络框架体系中的复合块结构之间的差异。其中，残差卷积网络（RNets）分类模型，也即 R1-R4，超过普通卷积网络（PNets）分类模型，也即 P1-P4，并且密集卷积网络（DNets）分类模型的性能，也即 D1-D4，看起来精度相对较差；但是，差异相对较小。每个深度神经网络分类模型的平均精度 AA 看起来都比其他两个指标高得多，而 SL 数据集则非常高。就 PU 数据集和 SL 数据集的精度 K 和 OA 而言，在大多数情况下，两种类型（也即"a"和"b"）的普通单元会导致具有明显相反的表征。

训练时间提供了关于计算效率的直接度量，也是衡量不同深度神经网络分类模型的重要性能指标。因此，网络参数的变化，将导致训练时间上的明显差异。实际上，训练时间也受到当时计算环境的影响。即使总参数的大小相同，由于另外的非参数层的存在，训练时间可能也会不同。随着卷积网络深度增加将耗费大量的训练时间，需要估计更多的神经网络参数，如表 5-3 所示。由于加性跳跃连接和合并操作，也即求和和联结操作，将不会引入可训练参数，因此，这些深度神经网络分类模型之间的计算复杂性，将取决于每个复合块在特定数据集上的重复次数。由于密集卷积网络（DNets）分类模型的每次重复，都会有一个额外的过渡块结构，因此比其他类型的残差学习网络具有更多网络参数层数。

表 5-3 PU 和 SL 数据集的总参数和训练时间

模型	Parameter layers	PU（610×340×103）		SL（512×217×204）	
		Total params	Training time(s)	Total params	Training time(s)
P1a	4	81 180	37.8	140 208	82.5
P1b		81 024	36.3	139 648	78.3
P2a	6	102 044	42.9	161 072	99.5
P2b		101 888	40.0	160 512	89.3
P3a	8	122 908	54.6	181 936	112.4
P3b		122 752	50.3	181 376	110.8
P4a	10	143 772	63.5	202 800	133.9
P4b		143 616	60.7	202 240	125.9
R1a	4	81 180	52.1	140 208	112.7
R1b		81 024	51.2	139 648	105.6
R2a	6	102 044	60.4	161 072	126.8
R2b		101 888	60.9	160 512	121.9
R3a	8	122 908	71.2	181 936	144.5
R3b		122 752	70.2	181 376	138.6
R4a	10	143 772	80.9	202 800	162.4
R4b		143 616	83.0	202 240	156.2

表 5-3(续)

模型	Parameter layers	PU(610×340×103)		SL(512×217×204)	
		Total params	Training time(s)	Total params	Training time(s)
D1a	5	108 172	41.4	167 088	98.7
D1b		107 696	39.7	166 208	91.5
D2a	8	143 012	58.0	201 872	122.3
D2b		142 312	58.2	200 768	116.7
D3a	11	172 208	74.4	231 040	147.7
D3b		171 332	78.6	229 760	146.6
D4a	14	198 798	87.3	257 616	181.3
D4b		197 770	91.9	256 184	179.5

第6章 快速神经架构搜索分类模型

6.1 本章概述

深度学习(deep learning,DL)在许多计算机视觉(computer vision,CV)任务中取得了显著成功,例如遥感影像分类任务,而取得这样成就的关键是各种新颖的神经网络架构的涌现。目前大多数的神经网络架构都是由人工或专家手动设计的,这个过程耗费精力且容易出错。因此,自动化的神经架构搜索(neural architecture search,NAS)技术和优化方法引起越来越多学者的关注。如图 6-1 所示,神经架构搜索(NAS)过程中,作为控制器的循环神经网络(recurrent neural network,RNN)以概率 p 从搜索空间预测神经网络结构 A,训练具有结构 A 的孩子网络收敛,达到精度 R。利用 R 对 p 的梯度进行缩放,从而进一步更新循环神经网络(RNN)控制器。

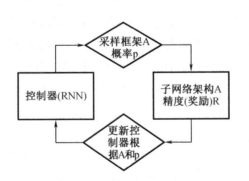

图 6-1　神经架构搜索流程

神经架构搜索(NAS)会耗费大量计算资源,学者对提高神经架构搜索(NAS)的效率越来越重视,并希望能开发出更好的性能预测方法,比如对复杂度不断增长的神经网络架构采用迭代式或渐进式搜索方法,或是对架构采用分层表示。虽然神经架构搜索(NAS)是神经网络架构设计过程自动化的重要进展,但是其计算开销阻碍了其应用的广泛性,需要在搜索网络架构期间跨孩子模型共享训练的参数或权重,也即通过在较大的图中搜索子图来实现的,其中每个图在搜索空间中包含了某种确定的神经网络架构。

神经网络架构间共享权重的方法来源于神经网络模型进化中的权重继承思想。此外,神经架构搜索(NAS)受到计算机图形学技术的启发,选择使用有向无环图(directed acyclic graph，DAG）表示计算，并将具有随机输出的节点引入计算图。同时，利用随机网络中的随机决策实现离散的架构决策，以控制循环神经网络（RNN）中的后续计算，并训练决策者，即控制器，进而获得最终的决策，导出最佳的神经网络架构。

卷积神经网络（CNN）近年来在高光谱影像分类任务中，取得了优异的性能。然而，卷积神经网络（CNN）的性能也高度地依赖于其神经网络架构设计。目前，对于最先进的深度卷积神经网络（DCNN），其模型架构也多是手工设计的，需要具有较强相关的深度学习（DL）技术能力和专业背景。因此，对于没有深度学习背景知识的研究人员来说，难以很好地研究深度卷积神经网络（DCNN），以解决专业领域内感兴趣的问题。通常，自动地设计和优化卷积神经网络（CNN）架构的算法，可以分为两个类别：

第一类方法是使用进化算法（evolutionary algorithm，EA）的算法，如遗传算法（genetic algorithm，GA），大规模进化方法，分层进化方法和笛卡尔遗传规划方法（Cartesian genetic programming，CGP）等，以上算法都遵循进化算法的标准流程，以启发式方式发现最优解或最佳性能的神经网络架构。

第二类方法是基于强化学习（reinforcement learning，RL）的算法，如神经架构搜索方法（neural architecture search，NAS），元建模方法（meta-modeling Q-learning neural network，MetaQNN），高效架构搜索方法（efficient neural architecture search，ENAS），渐进式网络架构搜索方法（progressive neural architecture search，PNAS）和块 QNN 设计方法（block-wise，Block-QNN-S）等。

第二类中的算法类似于第一类算法，除了采用启发式特性之外，也利用强化学习的奖励-惩罚原则。此外，上述算法多采用公开的影像分类基准数据集，如 CIFAR 和 MNIST 等，其实验结果证明具有较好的分类精度，但也存在一定局限性。首先，第一类算法没有充分利用进化算法的优点，导致需要大量的计算资源，也没有很高的分类精度。其次，由于强化学习的特性，第二类算法比第一类算法需要更多的计算资源。再者，大多数的两类算法都需要专业领域知识的人工干预。需要注意的是，根据算法本身是否需要深度神经网络的专业知识，可以划分为自动和半自动类别。前者包括大规模进化，笛卡尔遗传规划（CGP），神经网络搜索（NAS）和元模型 Q 学习网络（MetaQNN），后者包括遗传算法（GA），多层进化，高效神经架构搜索（ENAS），渐进神经架构搜索（PNAS）和块 Q 学习网络（Block-QNN-S）。

新颖的自动化神经网络架构构建与搜索，涉及构建特定数据集（比如高光谱影像数据）的最佳神经网络架构，依赖有限的计算资源，但是无须进行任何的手动精化或重新组合。也就是说，针对特定的高光谱数据集，到目前为止，深度神经网络分类模型的自动设计和生成方法在高光谱影像分类任务中的应用还不是很普通。因此，自动化的神经网络架构设计和生成方法，就高光谱影像分类任务而言，也即如何适应高光谱影像数据的特性，现在还仍处于初期的研究阶段。

基于此，本研究提出了一种快速的神经架构搜索（NAS）方法，也即一种快速的自动化深度卷积神经网络（DCNN）模型设计方法，并成功地应用于高光谱影像分类（HSIC）任务。本研究提出的方法，使用控制器概念通过在大型计算图中搜索最优子图来发现最佳的卷积神经网络架构。对控制器进行策略梯度训练，使其选择的子图在测试样本集上的期望奖励最大化,同时训练所选择子图对应的模型,使规则的交叉熵损失最小化。

本书提出的基于强化学习(reinforcement learning, RL)方法的深度卷积神经网络(DCNN)的自动设计和生成方法,通过使用循环神经网络(RNN)来生成卷积神经网络的模型描述,并通过强化学习方法来训练这个循环神经网络(RNN),以最大限度地提高在测试样本集上所生成架构的预期精度,能够在高光谱影像分类(HSIC)任务中,构建最佳的深度神经网络架构。本研究提出的自动设计方法,允许孩子模型间共享参数,并实现较好的分类性能,也无须经过训练后处理。本研究所提出的神经架构搜索(NAS)和优化方法,主要总结如下:

本研究提出的方法在发现最佳神经网络架构时是完全自动化的,并且在神经架构搜索(NAS)过程中,不需要任何手动干预。当搜索过程完成时,所获得的神经网络架构模型,可以直接应用于高光谱数据分类,并且不需要进一步精化,例如添加更多的卷积层或池化层。此外,本研究提出的方法可以由其他没有任何经验准备的研究人员直接使用,例如不需要提前提供手动设计的或调整的神经网络结构设计。

本研究提出的方法利用神经架构搜索(NAS)与优化技术,通过构建搜索空间,同时计算量少和处理较简单,可为高光谱影像提供空间结构有关的特征信息,从而实现提取高光谱影像的多尺度特征,进而准确地预测像元的类别标签。本研究提出的方法在真正的模型训练之前不需要干预,也不需要对所构建的深度神经网络(DNN)进行任何后续处理,意味着完全自动化的实现。

本研究提出的方法包含了跳跃连接,无论在理论上还是实验上,都证明具有能有效地训练深度神经网络架构的优势,并且可直接整合到所提出的算法。通过跳跃的连接方式,构建的神经网络架构能够通过使用深层网络架构来处理复杂数据,避免了梯度消失和精度下降的问题。除此此外,跳跃结构设计还可以强化或减少搜索空间,从而可以在有限的时间内实现最佳的性能或降低计算成本。并且,与具有类似性能的其他深度神经网络分类模型相比,本研究提出的方法构建的神经网络架构,具有更少数量的训练参数。

本研究提出的方法不仅能保证有竞争力的分类准确度,而且减少了需要训练的参数总量,仅占用少量的计算资源。实验结果表明,本研究提出的自动神经网络架构生成方法通过真实的高光谱数据集进行验证测试,取得了较好的分类性能,超过手工设计的最佳神经网络模型。同时,本研究提出的方法相比于手动设计的深度神经网络,具有更优的分类精度。就现有研究而言,本研究将最先进的深度学习(DL)技术,也即神经网络架构搜索、优化和生成技术,引入到高光谱影像分类任务,取代了以往的专家手工设计和调参,不仅保证了分类精度,而且提高了神经网络架构设计的智能化和自动化水平。

通过使用强化学习(RL)算法,本研究提出基于神经架构搜索(NAS)的自动神经网络架构设计和生成算法,能够发现最优的多层神经网络架构,以实现高光谱影像分类。循环神经网络(recurrent neural network, RNN)可用来生成神经网络架构的模型描述,确定卷积神经网络的随机深度,并通过强化学习(RL)方法来训练这个循环神经网络(RNN),以最大限度地提高在测试样本集上生成的网络架构的期望的精度,来成功实现这一目标。本研究设计和生成神经网络架构包含了跳跃连接,能在进化过程中生成更深的深度神经网络,在有限的计算资源下能显著地加速适应性评估。

本研究所提出的方法在真实的基准高光谱数据集上进行了检验,并与手动设计的方法进行比较,以发现最佳的神经网络架构。首先,本研究提出的基于神经架构搜索(NAS)的神经网络架构的设计和生成方法,能实现最先进分类性能;其次,本研究的架构搜索策略采用随机搜索,相比传统人工设计的深度神经网络模型,在性能上有显著提高;另外,本研究提出的神经网络架构模型,只需要一半的参数和一半的计算成本,计算上更有效,体现了计算效率上的优越性。实验结果表明,本研究基于神经架构搜索生成的神经网络架构,优于人工手动设计的神经网络架构,并且能取得最佳的分类精度,表现出与人工手动设计的深度神经网络有竞争力的性能。同时,本研究提出的方法所设计的深度神经网络的参数数量,远少于其他各种深度神经网络,并且所利用的计算资源显著减少。此外,本研究提出的方法的搜索过程是完全自动的,可以直接使用该方法,自动地构建和生成最佳的深度网络模型,来解决高光谱影像分类的问题。

本研究方法虽然节省了大量计算资源,而在解决优化问题的领域中,已有多种基于进化计算和强化学习(RL)的算法。未来,本研究将致力于应用更有效的神经网络架构设计和生成方法,以显著地加快自动化构建和生成深度神经网络的性能评估。值得注意的是,本研究提出的神经架构搜索和训练时的目标函数,并没有计算效率的体现。另外,因为应用目标不同,搜索空间难度不一,面向特定应用的神经架构搜索(NAS)方法,还需要进一步研究。

6.2 神经架构设计与搜索

6.2.1 自动设计与调优

深度学习(DL)技术已成为人工智能(DL)领域的研究热点之一,尤其在遥感影像处理领域,显示出了很大的优势,并且仍在持续发展。自从自动机器学习(automatic machine learning,AutoML)技术的出现,神经架构搜索(neural architecture search,NAS)技术取得重大进展,更多的是在数字影像处理(digital image processing,DLP)和自然语言处理(natural language processing,NLP)方面的应用。近年来,元学习(meta-learning)在自动模型构建和大规模影像分类问题上,分类性能已经超越人类手工设计的神经网络架构。

深度学习(DL)在感知任务中取得的成功主要归功于其特征工程过程自动化,分层特征提取器是以端到端的形式从数据而不是手工设计中学习。尽管卷积神经网络是一种强大而灵活的模型,也能在影像分类任务中取得很好的性能,但是卷积神经网络仍然难以设计。也就是说,大多数的复杂神经架构是由手工设计。

机器学习(ML)模型超参数调优通常认为是黑盒优化问题,也就是在调优的过程中,只看到神经网络模型的输入和输出,而不能获取到神经模型训练过程的梯度等信息,也不能假设模型超参数和最终指标是否符合凸优化(convex optimization)条件。因此,深度学习算法工程师将深度神经网络的模型构建或优化过程称为"炼金术",就是因为超参数的设计和选取,存在太多不确定性,没有明显的规律性。

传统的自动调参算法一般有网格搜索和随机搜索,还有遗传算法(genetic algorithm,GA)、粒子群优化(particle swarm optimization,PSO)、贝叶斯优化(bayesian optimization)和基于序列模型的优化(sequential model-based optimization,SMBO)等方法。值得说明的是,由于跳跃连接能改善神经网络的性能,自然地整合到本研究所提出的算法,从而发现最佳的神经网络架构。此外,如果使用跳跃连接,还能显著减少搜索空间。因此,跳跃连接的使用可以减少所需的计算成本,并能在有限的时间内找到最优的神经网络架构。

6.2.2 神经架构搜索

神经结构搜索(neural architecture search,NAS)是一种在机器学习(ML)或深度学习(DL)领域被广泛应用的神经网络(neural network,NN)的自动设计技术。神经架构搜索(NAS)已成功应用于影像分类的深度神经模型架构设计。在神经架构搜索(NAS)过程中,RNN 控制器被训练成一个循环:控制器首先对候选网络架构,即孩子模型进行采样,然后对其进行收敛性训练,以衡量其对期望任务的性能。然后控制器将其性能作为一个引导信号来寻找更有前途的网络架构,且这个过程重复很多次。尽管神经架构搜索(NAS)的经验性能令人印象深刻,但是非常耗费计算资源。与此同时,已有研究表明使用较少的资源往往会产生不太好的结果。Pham 等观察到神经架构搜索的计算瓶颈是对每个孩子模型进行收敛训练,而且是在丢弃所有其他训练的权值的同时测度其性能。

神经架构搜索(NAS)是自动优化神经网络架构的过程,也即给定模型结构搜索空间的搜索算法,代表机器学习自动化的未来发展方向,也是机器工业化或工程化的必然。神经架构搜索(NAS)技术可以看作是自动机器学习(automated machine learning,AutoML)技术的子领域,与超参数优化和元学习(meta-learning)在技术和方法上高度重叠,通常根据维度可以分解为三部分技术构成,也即搜索空间,搜索策略和性能估计策略。通常地,神经架构搜索会使用一个循环神经网络(recurrent neural network,RNN)来生成神经网络架构的模型描述,并通过强化学习(RL)来训练这个循环神经网络(RNN),以最大限度地提高在测试样本集上生成的神经网络架构的预期精度。

搜索空间原则上定义了神经网络架构(孩子网络),结合适用于任务属性的先验知识,可以减小搜索空间的大小并简化搜索过程。然而,这也会引入了人为偏差,会妨碍找到超越人类知识的新颖的复合神经网络架构生成。通常地讲,针对高光谱影像分类(HSIC)任务,可以将网络架构的搜索空间分为三种,也即链式架构空间、多分支架构空间和单元及块构建的搜索空间。

搜索策略详细地说明了如何进行空间搜索,主要包含了经典的研究-探索式权衡方法;因为一方面,希望快速找到较好性能的神经网络架构,另一方面,尽量地避免过早收敛到次优网络架构区域。也就是说,搜索策略定义了使用怎样的算法,可以快速而准确地找到最优的神经网络架构及参数配置。搜索策略从预定义的搜索空间中选择网络架构,然后该网络架构被传递到性能估计策略,最后将网络架构的估计性能返回到搜索策略,如图 6-2 所示。此外,神经架构搜索向高光谱影像分类(HSIC)任务进行技术迁移,也存在一些挑战,比如搜索空间和基本运算单元有所不同,异源遥感影像间存在固有特性上的差异。

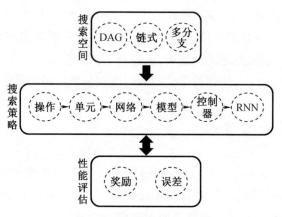

图 6-2　神经架构搜索框架

性能评估策略。神经架构搜索(NAS)的目标,一般是在看不见的数据上,找到能够实现较高预测性能的神经网络架构。性能评估是评估自动化神经网络架构预测性能的过程,最简单的是对数据依赖的神经网络架构执行标准的训练和验证,但是计算成本较高,并限制了可探索神经网络架构的候选数量。因此,许多研究都尝试开发能降低性能估计成本的方法。由于深度学习(DL)分类模型的性能,常依赖于训练数据的规模,也即通常意义上的训练样本集、验证样本集和测试样本集规模,使得验证神经网络模型的性能会非常耗时,所以需要高效的策略去做近似的评估,以满足快速训练和预测大规模训练集的性能。

6.2.3　强化学习及训练

控制器预测的令牌列表可以看作是为孩子网络架构设计的动作 $a_{1:T}$ 的列表。在收敛时,孩子网络将在一个外置数据集上达到一个精度 R,可以用这个精度 R 作为奖励信号,用强化学习(RL)来训练控制器。更具体地说,找到最佳的神经网络架构,要求控制器最大化所期望的奖励,由 $J(\theta_c)$:

$$J(\theta_c) = E_P(a_{1:T}; \theta_c)[R] \tag{6-1}$$

奖励信号 R 是不可能的,需要使用一个策略梯度迭代地更新 θ_c。在本研究中,使用了 Williams(1992)的强化规则:

$$\nabla\theta_c J(\theta_c) = \sum_{t=1}^{T} E_P(a_{1:T}; \theta_c)[\nabla\theta_c \log P(a_t | a_{(t-1):1}; \theta_c)R] \tag{6-2}$$

经验地近似为:

$$\frac{1}{m}\sum_{k=1}^{m}\sum_{t=1}^{T}\nabla\theta_c \log P(a_t|a_{(t-1):1};\theta_c)R_k \tag{6-3}$$

其中 m 是控制器在一个批中采样的不同神经网络架构的数量，T 是控制器要设计特定神经网络架构必须预测的超参数的数量。对训练数据集进行训练后，第 k 个神经网络架构实现的验证精度为 R_k。上述更新是一个无偏估计梯度，但估计的方差非常高。为减少这种估计上的差异，本研究采用了一个基线函数：

$$\frac{1}{m}\sum_{k=1}^{m}\sum_{t=1}^{T}\nabla\theta_c \log P(a_t|a_{(t-1):1};\theta_c)(R_k-b) \tag{6-4}$$

只要基线函数 b 不依赖于对当前动作的依赖，那么这仍然是一个无偏梯度估计。在本研究中，基线 b 是以前的架构精度的指数移动平均值。

6.3 搜索单元及孩子网络

6.3.1 搜索空间表示

本节介绍了所提出算法的理论细节，然后描述了主要的实现步骤，以更好地理解算法的技术原理，不仅描述了每一步的实现细节，也提供了有关设计的说明。更具体地说，本研究介绍了一种用于自动设计和生成神经网络架构的强化学习（RL）算法。首先描述一种使用循环神经网络（RNN）生成卷积神经网络（CNN）架构的简单方法，并采用策略梯度方法训练 RNN，以最大限度地提高采样架构的预期精度。接着，介绍方法上的一些改进，例如使用跳跃连接来增加模型的复杂性，以及使用参数读写或存取方法来加速训练过程。最后，着重地介绍生成 RNN 架构，实验也表明，不仅在孩子模型之间共享参数是可能的，还具有非常优异的性能。

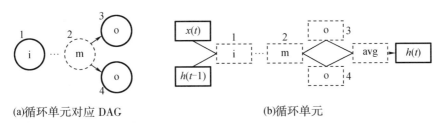

(a)循环单元对应 DAG　　　　　　　　　(b)循环单元

图 6-3 搜索空间中包含多个计算节点的循环单元

本书基于研究-探索式强化训练的神经网络架构设计方法，主要是通过使所有的孩子模型通过参数存取策略来共享权重以提高神经网络模型自动设计和生成的效率，从而避免重复地从零到收敛训练所有孩子网络。如图 6-3 所示，最终迭代的所有图都可以看作更大规模图的子图，可以使用单个有向无环图（directed acyclic graph，DAG）来表示神经架构搜索的搜索空间。直观地讲,有向无环图(DAG)是神经架构搜索空间中所有可能的子模型的叠加,其中节点表示局部计算,边表示信息流。每个节点上的本地计算都有自己的参数,且仅在激活特定计算时使用,允许在搜索空间中的所有子模型之间共享参数。这里,终端节点(例如节点 3 和节点 4)将不会被循环神经网络(RNN)采样,其结果是平均的,并视为单元的输出。

6.3.2 搜索单元

搜索单元涉及循环单元和卷积单元。循环单元设计使用了一个有 N 个节点的有向无环图(DAG),其中节点表示局部计算,边表示节点之间的信息流。控制器是一个循环神经网络(RNN),将决定:1)激活哪些边;2)每个节点上执行哪些计算。搜索空间允许设计 RNN 单元中的拓扑和操作。首先,创建一个循环单元,RNN 控制器需对 N 个决策块进行采样。如表 6-1 所示,采用 $N=4$ 计算节点的循环单元可视化,可以说明网络架构搜索的机制,x_t 是循环单元的输入信号和之前的时间步骤的输出 h_{t-1}。这里,对于每一对节点 $j<1$,有一个独立的参数矩阵 $\boldsymbol{W}_{j,1}^{(h)}$。通过选择前面的索引,控制器也决定使用参数矩阵。因此,神经架构搜索(NAS)中,搜索空间中的所有循环单元共享相同的一组参数。

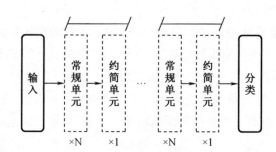

图6-4 卷积网络由 2 个块连接而成。其中,每个块有 N 个常规卷积单元和 1 个约简卷积单元

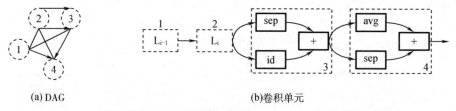

(a) DAG   (b)卷积单元

图6-5 搜索空间中的卷积单元。其中,(a)和(b)均为控制器的输出

卷积单元设计是设计整个卷积神经网络的基础,因为设计更小的卷积模块更为容易,然后连接在一起就会形成一个更大规模的卷积神经网络。如图 6-4 所示,卷积单元设计主要涉及常规卷积单元和约简卷积单元结构设计。如果使用 B 个节点来进行计算,有向无环图(DAG)来表示单元中发生的计算,则节点 1 和节点 2 被视为单元的输入,最终网络的松散端点作为单元的输出,如图 6-5 所示。对于剩余 $B-2$ 的每个节点,要求控制器 RNN 做两组决定:1)前两个节点作为当前节点的输入;2)两个操作应用于两个采样节点。其中,有五个可用的操作:恒等变换(identity)、核大小为 3×3 和 5×5 的卷积(convolution)、核大小为 3×3 和 5×5 的分离卷积(separable convolution),以及核大小为 3×3 的平均池化(AvgPool)和最大池化(MaxPool)。

表 6-1 循环单元或节点

输入:输入信号 x_t,节点输出 h_{t-1}。

步骤 1:节点 1,控制器采样激活函数 tanh,节点 1 计算 $h_1 = \tanh(x_t \cdot \boldsymbol{W}^{(x)} + h_{t-1} \cdot \boldsymbol{W}_1^{(h)})$;

步骤 2:节点 2,重复采样以前的索引 1 和激活函数 ReLU,节点 2 计算 $h_2 = \text{ReLU}(h_1 \cdot \boldsymbol{W}_{2,1}^{(h)})$;

步骤 3:节点 3,重复采样索引 2 和激活函数 ReLU,并计算 $h_3 = \text{ReLU}(h_2 \cdot \boldsymbol{W}_{3,2}^{(h)})$;

步骤 4:节点 4,重复采样索引 1 和激活函数 tanh,得到 $h_4 = \tanh(h_1 \cdot \boldsymbol{W}_{4,1}^{(h)})$;

步骤 5:对于输出,对松散末端节点进行平均,并不作为任何其他节点的输入节点,也即索引 3 和索引 4。由于未被采样作为任何节点的输入,所以平均值输出 $h_t = (h_3 + h_4)/2$。

输出:末端节点均值 h_t。

表 6-2 卷积单元或操作

输入:定义节点 1 和节点 2 的输出为 h_1 和 h_2。

步骤 1:首先,输入节点 1 和节点 2 无须决策;

步骤 2:节点 3,控制器对前两个节点和两个操作进行采样,也即节点 2、sep_conv_5x5 和 identity,得到 $h_3 = sepconv\_5×5(h_2) + id(h_2)$;

步骤 3:节点 4,重复采样节点 3、节点 1、avg_pool_3x3 和 sep_conv_3x3,计算得 $h_4 = avg\_pool\_3×3(h_3) + sepconv\_3×3(h_1)$;

步骤 4:最后,唯一空闲端点 h_4 被视为单元的输出,如果有多个空闲端点,则连接在一起,作为单元的输出。

输出:空闲节点 4 的输出 h_4。

每个节点上,对前一个节点及其对应的操作进行采样后,将这些操作应用到前一个节点上,并添加对应的结果。如表 6-2 所示,对于搜索空间实现的算法细节,与前面一样,用 $B = 4$ 节点来说明搜索空间的运行机制。除此之外,可以在搜索空间中实现一个约简单元:1)从搜索空间中抽取一个计算图;2)以 2 为步长应用所有操作。因此,约简单元将其输入的空间维度减少了 2 倍。对于搜索空间中的卷积单元,节点 1 和节点 2 是单元的输入,控制器只需设计节点 3 和节点 4 即可,而关联边表示激活连接。

6.3.3 孩子网络设计

针对卷积网络架构的搜索空间中的每个循环单元,使用控制器 RNN 对每个决策块采样两个决策:(1)连接到前一个节点上;(2)使用哪个激活函数。并且,控制器 RNN 还对每个决策块的两组决策进行采样,决定:(1)上一个节点要连接到哪个节点;(2)决策如何在卷积模型中构建一个层。因为卷积架构可以决定要连接前面哪个节点,所以允许模型包含跳跃连接。具体来说,层 k 到层 $k-1$ 间采样之前相互不同的索引,导致第 k 层有 2^{k-1} 个可能的决策,如图 6-6 所示。对于第 4 层,控制器采样以前的索引 $\{1,3\}$,所以第 1 层和第 3 层的输出,再沿深度维联结并输入到第 4 层。其中,搜索空间或卷积网络包含 4 个计算节点的循环单元或层,外部箭头表示活动的计算路径,内部箭头表示跳跃连接。

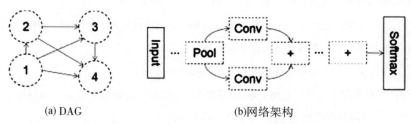

(a) DAG   (b)网络架构

图 6-6 卷积网络(搜索空间)。其中(a)和(b)是控制器 RNN 的输出

同时,卷积架构决定使用哪种计算操作,并将特定的层设置为卷积、平均池化或最大池化。其中,RNN 控制器可用的五个操作是:恒等变换(identity)、核大小为 3×3 和 5×5 的卷积层,核大小为 3×3 和 5×5 的分离卷积层,和核大小为 3×3 的最大池化层和平均池化层。对于循环单元,卷积网络每一层的每一个操作都有一组不同的参数。

6.3.4 控制器网络

控制器网络通常是包含多个隐藏单元的长短期记忆网络(long short-term memory network, LSTM Net)。LSTM 通过 softmax 分类器以一种自回归的方式对决策进行采样,将前面步骤中的决策,作为嵌入到下一个步骤中的输入,提供给下一个步骤。其中,控制器网络接收一个空嵌入(empty embedding)作为输入。神经架构搜索过程中,有两组可学习的参数:控制器的参数 LSTM 表示为 θ 和孩子模型的共享参数表示为 ω。神经架构搜索的训练过程,包括两个交叉阶段:第一阶段整体通过训练数据集,训练孩子模型的共享参数 ω。实验过程中,ω 被训练大约 50 步,采用最小批(mini-batch)约 32 个样本,通过时间使用反向传播计算梯度 ∇_ω。第二阶段,训练控制器 LSTM 的参数 θ,对于固定数量的步骤,通常设置为 2000。上述两个阶段在神经架构搜索(NAS)的训练期间交替地进行,具体情况如下。

(1)训练孩子模型的共享参数 ω。首先,对于 ω 确定控制器的策略 $\pi(m;\theta)$ 和执行随机梯度下降法(stochastic gradient descent, SGD),以最小化期望的损失函数 $E_{m\sim\pi}[L(m;\omega)]$。在这里,$L(m;\omega)$ 的标准交叉熵损失,计算自最小批训练数据,模型 m 采样自 $\pi(m;\theta)$。梯度计算使用蒙特卡罗估计:

$$\nabla_\omega E_{m\sim\pi}(m;\theta)[L(m;\omega)] \approx \frac{1}{M}\sum_{i=1}^{M}\nabla_\omega L(m_i,\omega) \tag{6-5}$$

式中,m_i 采样自如上所述的 $\pi(m;\theta)$。公式(6-5)提供了一个无偏估计的梯度 $\nabla_\omega E_{m\sim\pi}(m;\theta)[L(m;\omega)]$。然而,该估计比标准随机梯度下降(SGD)计算的梯度有更高的方差,m 是固定的,相比于标准的 SGD 梯度,其中 $M=1$ 也可行,然后从采样自 $\pi(m;\theta)$ 任何单一模型 m 的梯度更新 ω。同样地,通过训练数据训练 ω。

(2)训练控制器参数 θ。首先,确定 ω 和更新策略参数 θ,以最大化期望的奖励 $E_{m\sim\pi}$ $(m;\theta)[R(m,\omega)]$,使用 Adam 优化器,同时使用强化学习计算梯度,最后使用移动平均基线来减少方差。奖励 $R(m,\omega)$ 计算自验证集,而不是在训练集上,以鼓励神经架构搜索过程中选择泛化较好的神经网络模型而不是过拟合训练的神经网络模型。

(3)派生架构 A。首先,训练神经架构搜索模型并获得新的架构,训练策略 $\pi(m,\theta)$ 采样若干模型。对于每个样本模型,从验证集中抽取小批样本,来计算它的奖励。然后,只选取奖励最高的模型,并从头开始重新训练。通过从零开始的训练所有的采样模型,并在分离的验证集上选择性能最好的模型,就有可能改进最终的实验结果。事实上,该方法能取得相似的性能,同时更高效。

6.4 实验分析与讨论

本研究提出的算法性能的评估,采用真实的高光谱影像数据集,进行像素级高光谱地表覆盖分类实验。然后,使用的基准数据集之前小节中已详述。具体而言,选择与提出的算法进行比较的方法,通过性能测度确定算法的优点。最后,本节也给出了所提出算法的参数设置。本研究所提出的快速神经网络架构搜索(fast neural network architecture search,FNAS)和生成方法,受启发于深度神经网络优化技术在遥感影像分类实验中的研究,需要非常大量的计算资源,以能直接在大规模数据集上进行评估。高光谱影像数据集都是较小型数据集,存在本质的区别,需要将已有的神经网络架构转移和改进到高光谱影像分类(HSIC)和识别任务中,并探索出较好的神经网络架构和参数配置,会存在很多挑战。因此,本研究采用 Indian_PinesA 和 SalinasA 数据集作为实验数据,设计循环单元和卷积架构。

6.4.1 实验设计

本研究设计的所有深度神经网络都使用两个真实的高光谱影像数据集进行训练,也即 Indian_PinesA(IA)和 SalinasA(SA)数据集,分别代表复杂和简单的数据集,用于研究每个深度神经网络模型的鲁棒性和表征能力。本研究不同算法间的分类性能,所使用的精度指标有 Kappa 系数(Kappa Index,K),总体精度(overall accuracy,OA)和平均精度(average accuracy,AA)。本研究实验的软件平台是便携式笔记本,配置了 Intel Core i7-4810MQ 8-core 2.80 GHz 处理器,16 GB 内存,4G NVIDIA GeForce GTX 960M 显卡。训练过程是在 GPU 上执行,以取得最高的计算效率。

如表 6-3 所示,本研究建立的手工设计结构,主要包括输入块,增强区(预处理区),网络区(设计区)和输出块(分类块)。根据神经网络设计的结构原则,手工设计最佳网络架构,遵循如下约定：

表 6-3　网络架构设计

模块划分	模块命名	功能设计
输入块	Input Block	控制输入张量形状和维度
增强区	Preprocessing Region	图块增强和预处理
网络区	Network Region	网络搜索和优化
输出块	Classification Block	模型预测和分类结果输出

- 输入块,输入的张量形状为(img_rows, img_cols, img_bands);
- 增强区,进行两次 ZeroPadding(ZeroPad),填充大小分别为(3, 3)和(1, 1),第一次之后进行 ReLU→SepConv→BN 处理,其中包含一个分离卷积,第二次之后进行 MaxPooling(MaxPool)处理,池化大小为(3, 3),分离卷积和池化的步长均为(1, 1),且填充模式为"valid"。

范式 6-1　INPUT→ZeroPad_3×3→ReLU→SepConv_3×3→BN→ZeroPad_1×1→MaxPool _3×3→(64)

- 网络区,重复进行 ReLU→Conv→BN 计算三次为一组,同样地,重复进行 ReLU→SepConv→BN 计算三次,再次重复执行 ReLU→Conv→BN 计算三次。其中每三次的核大小分别为(1, 1)、(3, 3)和(5, 5),步长为(1, 1),填充模式均为"valid"。

范式 6-2　(64)→ReLU→Conv_1×1|Conv_3×3|Conv_5×5→BN→(32)

　　　　　　(32)→ReLU→SepConv_1×1|SepConv_3×3|SepConv_5×5→BN→(64)

- 输出块,进行 AveragePooling(AvgPool)计算,池化大小为输入大小,步长为(1, 1),填充模式为"valid",到单像素大小的图块。然后,压平计算,并丢弃一半神经元,使用 Softmax 激活函数进行 Dense 计算。最后,编译模型并写出到磁盘。

范式 6-3　(64)→AvgPool_n×n→Flatten→Dropout→FC→OUTPUT

本研究网络架构搜索设计的循环单元,主要包括五种功能操作或层,也即卷积(Conv),分离卷积(SepConv),平均池化(AvgPool),最大池化(MaxPool)和恒等变换(Identity),如表 6-4 所示。

表6-4　循环单元设计

	块标识	参数配置
卷积	ReLU-Conv-BN	kernel_size=(1, 1),(3, 3),(5, 5);filters=32;strides=(1, 1)
分离卷积	ReLU-SepConv-BN	kernel_size=(1, 1),(3, 3),(5, 5);filters=32;strides=(1, 1)
平均池化	MaxPool	pool_size=(3, 3);strides=(1, 1)
最大池化	AvgPool	pool_size=(3, 3);strides=(1, 1)
恒等变换	Linear	None

通过确定神经网络架构人工设计的原则和功能区划分,对神经网络架构搜索的操作(或层)进行设计,从而进一步确定了网络设计的基本单元。此基础上,将整个神经架构搜索过程所涉及的控制参数分为固定部分和变化部分,如表6-5所示。紧接着,按照评估目的,选取合适的控制参数进行实验。

表6-5　网络搜索的控制参数

	节点	操作	搜索	重复	网形
标识	T	O	S	I	C
值	8;12;16	4;7	3;5;15	1;3	["N", "R"];["N", "R", "N","R"]

其中,卷积网络设计的基本操作及数目是固定的,重复一次,则使用第一次随机确定的设计样本集(也即,随机地重新采样得到训练样本集、验证样本集和测试样本集),重复三次则有三种随机样本集,控制搜索的网络节点数设计为8个及其1.5和2倍,也即8、12和16个,搜索次数3次、5次及最小公倍数15次,网形控制(或网定义)选择二叉结构(N-R)和四叉结构(N-R-N-R)。

6.4.2　实验结果与评价

本研究实验的设计思路是先利用人工经验设计最佳的神经网络模型架构 M,并将模型 M 的分类结果和精度作为基线结果和精度,从而对照与神经网络架构搜索的结果进行对比,以客观地评价实验的结果和分类的性能。为测试神经架构搜索得到深度神经网络模型对于不同的随机设计样本集的适应性,本研究采用三次随机采样生成的样本集,各对应包含60个样本的训练样本集、包含60个样本的验证样本集和由剩余样本组成的测试样本集。每种随机的设计样本集,三种不同的样本子集都是独立的,如图6-7所示。

正如神经网络架构搜索的参数选择,本研究对部分参数进行人工设定,从而观察实验结果。主要控制的变化参数为随机执行的次数(In)、网形控制(Cn)、搜索次数(Sn)和网络的节点(Tn),具体配置参考实验编号。例如实验I1-C01-S03-T08,表示随机执行1次,采用1型二叉结构(N-R)网形,网络搜索3次,共包含8个网络节点。需要注意的是,操作节点为 7 个,包括两个卷积操作,两个分离卷积操作,两个池化操作,和一个线性变换,所有实验中保持不变。

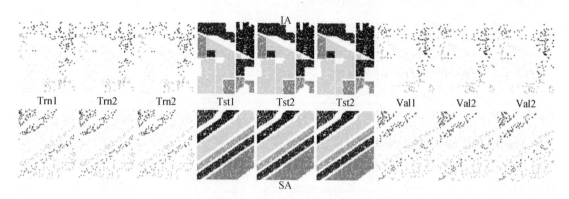

图 6-7　随机的设计样本集(训练集、验证集和测试集)

如图 6-8 所示,根据 SA 数据集所对应的分类图,所有模型都取得最好的分类结果,除个别边界或边缘处的像素点,因混合像元的原因,存在不确定性,从而产生预测不准确现象。另一方面,因为类别 C3-类别 C6 都是相同作物生菜(romaine lettuce),类别 C3 和类别 C4 有个别像素存在错分现象。如图 6-8 所示,根据 IA 数据集所对应分类图可知,因为存在较大类内变异性,因此结果精度只能最优,而不能趋于饱和。一方面,是类别 C1(corn-notill)和类别 C4(soybean-mintill),因为样本区域内存在破碎的区域和实地样本范围划定无法精确或类别边界不严格清晰的问题,造成比较明显的错分和漏分(omission)问题,因此导致精度无法趋于饱和。对于类别 C2(grass-trees),因为是树草混合地,与耕地相差较大,因此错分和类别变异现象较小。

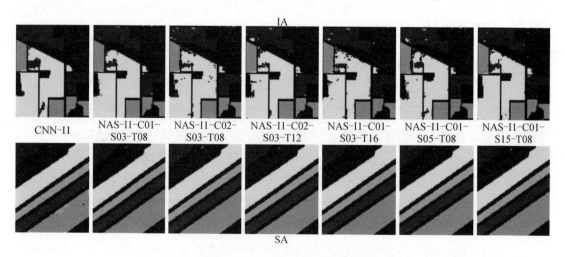

图 6-8　神经架构搜索的分类图

如表 6-6 所示,根据不同实验所取得的神经架构搜索模型的分类精度可知,除了 I3-C02-S05-T08,其他的模型在 SA 数据集上均取得了接近饱和的精度。对于不同的网形,二叉结构(N-R)网形实现了较好的性能,尽管四叉结构(N-R-N-R)网形在搜索15次的时候精度更高。不同的搜索次数对于最终的分类精度影响主要是更深的搜索有助于寻找到更优的卷积网络架构,但是本研究为提高搜索的效率,所有子网络训练代数都设置为10代,对于寻找最优有潜在的影响,也即可能为次优的神经网络架构。不同的网络节点,决定了网络形状的复杂性,这种复杂性从实验中没有体现出优异的特性。

表6-6 神经架构搜索的模型精度

	K_{IA}	OA_{IA}	AA_{IA}	K_{SA}	OA_{SA}	AA_{SA}
I1-C01-S03-T08	0.949 5	0.965 1	0.973 1	0.998 9	0.999 1	0.999 1
I1-C02-S03-T08	0.935 7	0.955 6	0.962 6	0.998 9	0.999 1	0.998 9
I1-C02-S03-T12	0.938 8	0.957 9	0.962 4	0.998 1	0.998 5	0.996 0
I1-C02-S03-T16	0.928 5	0.950 8	0.952 7	0.999 7	0.999 8	0.999 7
I1-C02-S05-T08	0.915 5	0.941 3	0.954 0	0.999 7	0.999 8	0.999 7
I1-C02-S15-T08	0.960 4	0.972 7	0.976 4	0.999 2	0.999 4	0.999 0
I3-C02-S05-T08	0.914 7+ 0.005 6	0.940 8+ 0.004 0	0.952 1+ 0.002 1	0.952 4+ 0.065 3	0.963 3+ 0.050 3	0.942 9+ 0.078 8

根据经验,本研究实验选择四叉结构(N-R-N-R)网形和8个网络节点(或操作)作为参数控制基础,针对三个随机样本集重复执行搜索5次得到的网络模型I3-C02-S05-T08,结果表明精度上相较于网络模型I1-C02-S05-T08并无太多提高,说明对于特定样本集$\{D_1, D_2, D_3\}$,将不会影响模型性能上的稳健性。需要注意的是,同一个搜索得到的网络模型I3-C02-S05-T08使用三个不同的随机设计样本集$\{D_1, D_2, D_3\}$进行训练。就IA和SA数据集所对应的分类图而言,直观差异不是很明显,如图6-9所示。

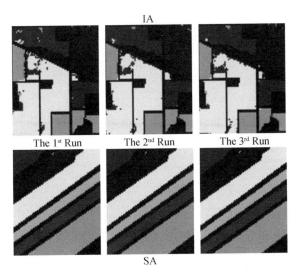

图6-9 实验 NAS-I3-C02-S05-T08 多次执行的分类图

如表 6-7 所示,从分类精度的统计结果来看,上述的推测并不完全成立,说明不同的随机样本集,即使对同样的深度卷积网络模型,会有一定程度的影响,而这种影响就 IA 和 SA 数据集而言,存在一定不确定性。因为针对 IA 数据集,同样的神经网络模型,对于样本集除 $\{D_2\}$ 表现出稳定的分类精度。而对于 SA 数据集,也是同样的网络模型,在样本集 $\{D_3\}$ 出现明显的精度下降。

表 6-7　实验 NAS-I3-C02-S05-T08 多次执行的模型精度

	K	OA	AA
IA 1st Run	0.917 4	0.942 9	0.951 3
IA 2nd Run	0.906 8	0.935 2	0.950 0
IA 3rd Run	0.919 8	0.944 4	0.955 0
SA 1st Run	0.998 4	0.998 7	0.998 3
SA 2nd Run	0.998 9	0.999 1	0.998 9
SA 3rd Run	0.860 1	0.892 2	0.831 6

6.4.3　模型性能分析

针对不同神经架构搜索得到的最优网络模型 NAS-I1-C02-S15-T08(简称 NAS-I1),实验结果并没有和人工设计的最佳的卷积神经网络模型 CNN-I1(也即基线精度)进行比较。因此,本研究实验首先执行根据人工经验设计的卷积神经网络(CNN),并将重复一次的实验精度,也即使用第一种随机设计样本集的结果精度,作为神经架构搜索分类模型精度的参照精度。实验表明,神经架构搜索(NAS)得到的网络模型在 IA 数据集上是一次执行所能实现的最佳精度,而对于 SA 数据集,所实现的精度则接近饱和精度,如表 6-8 所示。紧接着,从获得分类评定精度的混淆矩阵着手分析,采用人工设计的最佳神经网络模型 CNN-I1 和通过神经架构搜索方法得到神经网络模型 NAS-I1-C02-S15-T08(NAS-I1)之间的差异。

表 6-8　实验 CNN-I1 与 NAS-I1 的模型精度

	K	OA	AA
CNN-I1 IA	0.953 3	0.967 6	0.977 5
CNN-I1 SA	0.991 2	0.993 1	0.994 3
NAS-I1 IA	0.960 4	0.972 7	0.976 4
NAS-I1 SA	0.999 2	0.999 4	0.999 0

如图 6-10 所示,通过混淆矩阵中的特定位置误差表可知,IA 数据集所对应的混淆分

析,主要的错分和漏分误差来自类别 C1(corn-notill)和类别 C4(soybean-mintill),而且两种误差比例非常接近,这与直观的分类图比较得到的结论是一致的,也即类别 C1 中 37 和 36 个像素被错分为类别 C4,而同时类别 C4 有 68 和 35 个像素被错分到 C1 类别。通过比较 SA 数据集所计算得到的混淆矩阵,神经架构搜索得到的网络模型取得最优的饱和精度,而人工设计的网络模型则出现类别 C2(corn_senesced_green_weeds)的 22 个真实像素被错分为类别 C6(lettuce_romaine_7wk)。

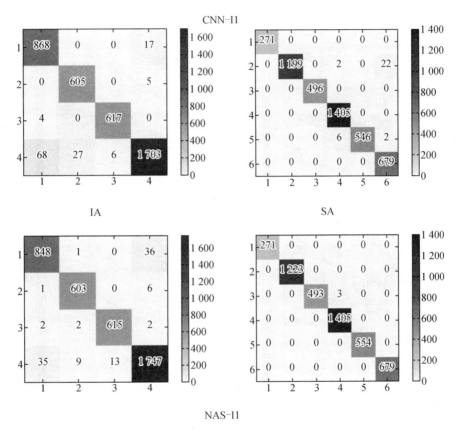

图 6-10 实验 CNN-I1 和实验 NAS-I1-C02-S15-T08 的混淆矩阵

就人工设计的卷积网络架构和神经架构搜索得到的神经网络模型的性能进行相互对比和分析,可以发现有区别的特性。深度神经网络分类模型之所以能实现最佳的分类性能,与训练和验证过程中采用特定的目标损失函数有关,也即不同的神经网络分类模型应该在训练和验证步骤,无论是全局还是局部,应该收敛,才能说明深度神经网络模型的可靠性。事实上,即使在分类结果和精度有不错的表现,就神经架构搜索的模型训练和验证收敛性,仍然存在缺陷。也就是说,训练和验证的精度与损失曲线,并不是预期的那样,精度逐渐上升并接近饱和,而损失逐渐下降并趋于零,并在不顾及可能存在的局部尖刺的情况下。

实验表明,上述结果是否说明,模型训练和验证过程的精度和损失的曲线并不影响最终的分类性能,还是神经架构搜索的网络模型在模型训练和验证的过程中收敛性不存在或直接趋于饱和。正因如此,本研究将搜索空间中采样的子网络模型的训练代设置为极限值10代,从而提高子网络架构构成在搜索空间中采样候选神经网络架构的效率。正如前文所述,尽管分类图和分类精度可以绝对地表征分类器或深度神经网络分类模型的分类性能。但是如此分类结果来自于求预测向量的最大值,相对预测概率最大计算包含了一定的不确定性,同时还能反映出预测概率的空间密度。通过密度的强弱判别,弱预测密度特性主要分布在类别过渡区域和非训练样本采样区域,如图 6-11 所示。实验也表明,神经架构搜索得到的神经网络模型在预测概率密度表征上体现出更优的特性。

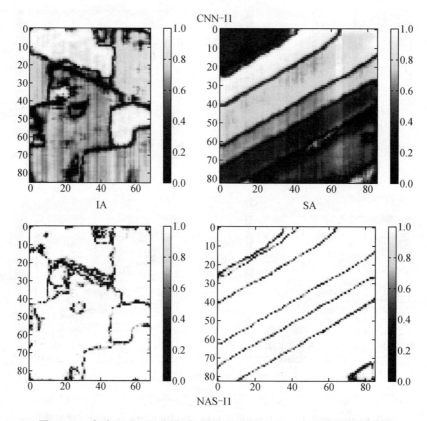

图 6-11　实验 CNN-I1 和实验 NAS-I1-C02-S15-T08 的预测概率图

相比于人工手动设计神经网络,神经架构搜索(NAS)的优势就在于自动的搜索和评估搜索空间中的所有子网络模型,并分别对每个子网络进行奖励和评分,通过多次搜索过程,最终获得奖励最大,也即最优的深度神经网络架构模型。本研究实验 NAS-I1-C02-S15-T08 取得了最优的分类性能,很大程度上来自更多的搜索次数,因此实验记录了搜索的过程细节。神经架构搜索的评估记录主要包含变化学习率、奖励(也即测试精度)、最小损失和验证精度(也即最佳精度),如表 6-9 所示。实验表明,随着搜索次数的增加,学习率从设定值 0.05 逐渐减小,并重复这一过程直至达到最大搜索次数,并返回多次搜索的最优精度所对应的深度神经网络模型,而记录的损失没有体现收敛或逐渐降低的特性或直接趋于饱和。

表 6-9 实验 NAS-I1-C02-S15-T08 的评估细节和奖励记录

Epoch	IA_{lr}	IA_{rwd}	IA_{los}	IA_{acc}	SA_{lr}	SA_{rwd}	SA_{los}	SA_{acc}
0	0.050 0	0.935 5	1.808 0	0.935 5	0.050 0	0.993 1	1.103 7	0.993 1
1	0.048 5	0.912 5	1.861 7	0.935 5	0.048 5	0.994 8	1.235 7	0.994 8
2	0.044 3	0.802 3	1.230 6	0.935 5	0.044 3	0.872 7	3.223 7	0.994 8
3	0.037 8	0.929 6	1.312 7	0.935 5	0.037 8	0.995 9	1.256 7	0.995 9
4	0.029 8	0.940 6	2.014 1	0.940 6	0.029 8	0.996 5	1.470 0	0.996 5
5	0.021 2	0.933 9	1.936 1	0.940 6	0.021 2	0.998 7	1.493 0	0.998 7
6	0.013 3	0.938 0	1.409 1	0.940 6	0.013 3	0.914 6	1.623 5	0.998 7
7	0.006 7	0.939 3	1.365 3	0.940 6	0.006 7	0.996 8	1.379 4	0.998 7
8	0.002 5	0.912 5	1.219 8	0.940 6	0.002 5	0.964 8	1.685 5	0.998 7
9	0.001 0	0.927 0	2.200 5	0.940 6	0.001 0	0.983 4	1.109 3	0.998 7
10	0.050 0	0.907 4	1.701 9	0.940 6	0.050 0	0.984 4	1.105 5	0.998 7
11	0.049 7	0.948 7	1.109 8	0.948 7	0.049 7	0.999 1	1.583 1	0.999 1
12	0.048 7	0.945 4	1.209 0	0.948 7	0.048 7	0.998 5	1.501 5	0.999 1
13	0.047 0	0.752 8	2.931 0	0.948 7	0.047 0	0.990 3	1.049 8	0.999 1
14	0.044 8	0.963 3	1.076 8	0.963 3	0.044 8	0.983 6	1.448 0	0.999 1

第7章 结合局部谱域滤波与图卷积网络分类方法

7.1 本章概述

图深度学习(graph-based deep learning,GDL)已经显示出解析图结构化数据的优越性,与传统的卷积神经网络(CNN)相比,基于图的深度学习(GDL)具有刻画类边界、建模特征间关系和表征全局关联的诸多优点。面对高光谱影像分类(HSIC)任务,首要问题将是如何将高光谱数据从规则网格转换到不规则域,以适应图神经网络(graph neural network,GNN)训练过程中的特征学习和推理过程中的标签预测。在最新出版的文献中,GCN已经成功地应用于不规则(或非欧氏)数据表示学习。每个样本的标签信息被传播到其相邻样本,直到在完整的数据集上达到全局稳定状态。早些时候,特征提取和分类模块已经单独装配或逐步执行。因此,一些学者尝试了空谱融合技术来提取光谱-空间特征,然后将融合的特征输入到卷积神经网络(CNN)框架中,从而学习类别的空间分布。

此后,Cao等提出了一种基于图的卷积神经网络(graph-based CNN),该网络采用薛定谔-艾根迈普(Schroedinger-Eigenmaps)算法,采用簇潜力矩阵对空间邻近性进行编码,并将卷积神经网络(CNN)作为光谱-空间分类器来预测像元的准确标签。Shahraki和Prasad定义了三个光谱-空间加权关联:(1)利用原始反射光谱的无监督邻接矩阵;(2)利用卷积神经网络(CNN)提取判别特征的监督邻接矩阵;(3)通过学习有限数量的标注样本和广泛的未标注样本的半监督邻接矩阵,为了证明数据存在于流形结构(即图结构)上。Liu等提取扩展的形态剖面,然后用邻域法进行图构造,最后输入图卷积网络(GCN)框架进行训练。

最近图神经网络(GNN)在高光谱影像分类(HSIC)方面的进展,也倾向于改进传统的基于图卷积网络(GCN)的方法,以激发不同学习范式中的创新。由于传统的图卷积网络(GCN)可能无法利用光谱特征而不考虑嵌入在高光谱数据中的空间结构。Qin等提出了一个半监督的光谱-空间图卷积网络(GCN)框架,并称一般的反向传播误差规则有利于最终获得更优的分类性能。Wan等用一种新的动态图卷积运算对多个图输入进行动态更新和精化,然后用不同邻域尺度的多个图以提取不同尺度的光谱-空间特征。Hong等引入小批量策略改进图卷积网络(GCN),该策略能够处理大尺度数据和样本外数据,然后通过测试三种融合方案,也即融合CNN(用于提取光谱-空间特征)和GCN(用于分析关系表示)。在过去几年中,深度半监督学习模型由于其挖掘未标注样本数据,可以减轻标注样本负担的独特优势,而引起了学术界更多的关注。

局部谱域图卷积滤波主要作用是精化图节点,可以有效地提高节点分类的最终性能,如图 7-1 所示。在图上,图信号也可以被表示在两个域中:空间域和光谱域。最初的图卷积概念,即是在光谱域滤波基础上形成。原理上,基于光谱域的图滤波器是在图信号的谱域中设计的,依赖于谱域图滤波。从图信号处理的角度而言,其主要思想是调制图信号的频率,使得原始图信号中一些频率分量被保留或者放大,另一些频率分量被移除或者减小。局部谱域滤波相对于整体谱域滤波,图邻接矩阵的构建主要是依赖于图块的空间尺度,从而使其适宜于监督的图学习过程。

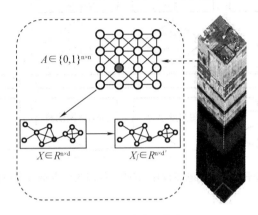

图 7-1 谱域图滤波

顾及以上研究进展,围绕新近出现的局部谱域图滤波技术,及其在图神经网络处理不规则域图像时的优异性能。本文提出了一种基于谱域图理论的局部谱图滤波方法。首先,进行主成分分析(principal component analysis,PCA)预处理,以创建具有无监督特征约简局部高光谱数据立方体。然后,将这些特征立方体与局部相邻矩阵相结合,在标准的监督学习范式输入到设计的图卷积网络(GCN)中。最后,通过同时考虑局部图结构和谱域图滤波,以成功地分析多样化的地表覆盖类型。

与本研究相关的是,大多数相关工作都关注基于图的半监督学习方法用于高光谱影像分类(HSIC)。这些基于图的半监督技术使输入数据(也即构建的邻接矩阵)建立在全图(并非分图块)上,在训练和评估节点分类模型时,采用图拉普拉斯正则化方法将标注节点和未标注节点结合起来,在训练或测试过程中能完全观察到未标注节点,而半监督学习的标准形式要求标注节点和未标注节点之间服从独立相同分布(independent and identically distributed,IID)的假设。在这种情况下,如何遵循通常的监督形式被视为一个研究问题,并作为本研究的科学研究动机之一。

就如何结合局部谱域滤波与图卷积神经网络分类方法,已有研究工作表明,基于图的深度学习在高光谱影像分类研究领域,的确表现出良好的分类性能。围绕新近出现的谱图滤波技术,及其在图神经网络处理不规则域图像时的优异性能,本研究旨在提出一种基于谱域图理论的局部谱图滤波方法,将其引入到图卷积神经网络,并应用于高光谱影像分类任务。受以前关于基于谱图的 CNN(spectral graph-based CNN)工作的启发,该研究的关键部分被用来适应高光谱影像分类(HSIC)任务,如图7-2所示。通过文献调研,并采用真实的高光谱数据集进行实验和分析,本研究的主要科学贡献总结如下:(1)通过收集基于图块的特征立方体和局部图邻接矩阵,采用监督的图深度学习模型进行拟合与推理;(2)图卷积层用于学习空间上局部的图表征和表示图节点的局部拓扑模式;(3)实验表明,基于局部谱域图滤波的图深度学习分类模型具有良好的应用前景。

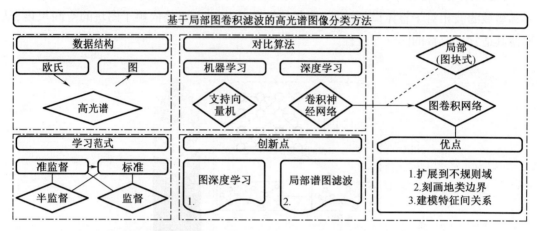

图7-2　基于局部谱图卷积网络(GCN)的高光谱影像分类(HSIC)技术

7.2　图结构及图卷积

7.2.1　无向图结构

无向图由 $G=(V,E,A)$。V 是具有 $|V|=n$ 个顶点的有限集,表示标注的和未标注的数据样本。E 是边集,表示数据集中的标注样本以及未标注样本之间的相似性。$A \in \mathrm{R}^{n \times n}$ 是一个加权邻接矩阵(也即图权重),编码两个顶点之间的连接权重。需要注意的是,给定在图的节点上定义的信号 $\pmb{x}$,可以看作是一个向量 $\pmb{x} \in \mathrm{R}^n$,x_i 是 $\pmb{x}$ 在 i^{th} 节点处的值。

7.2.2　邻接矩阵

图邻接矩阵通常通过测量两个空间邻域之间的相似性来计算,邻接矩阵可以表示为 $A=[a_{ij}] \in \mathrm{R}^{n \times n}$,定义了顶点之间的关系(或边),每个元素 $a_{ij} \in A$ 通常可以使用以下方法计算:

如图7-3所示,邻接矩阵是一个 $N \times N$ 的方形矩阵,仅包含0和1两种数字值。邻接矩阵用来表示连接节点的边,将其表示为矩阵的值。换句话说,矩阵中的元素表示图中某一对顶点是否相邻。

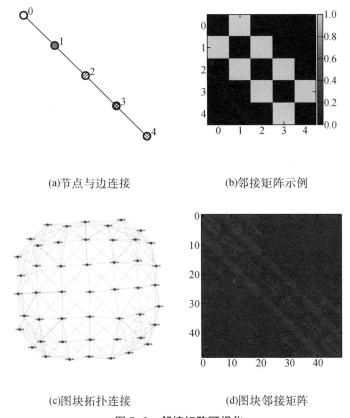

(a)节点与边连接　　　　　　　(b)邻接矩阵示例

(c)图块拓扑连接　　　　　　　(d)图块邻接矩阵

图7-3　邻接矩阵可视化

（1）径向基函数：

$$a_{i,j} = \exp\left(-\frac{\|\boldsymbol{x}_i - \boldsymbol{x}_j\|^2}{\sigma^2}\right) \tag{7-1}$$

或高斯相似函数：

$$a_{i,j} = \exp\left(-\frac{\|\boldsymbol{x}_i - \boldsymbol{x}_j\|^2}{2\sigma^2}\right) \tag{7-2}$$

其中，σ 是控制邻域宽度的参数，向量 $\boldsymbol{x}_i, \boldsymbol{x}_j$ 并分别表示与顶点 v_i 和顶点 v_j 相关的光谱特征；

（2）距离函数：

$$a_{ij} = \|\boldsymbol{x}\|_p = \left(\sum_{c=1}^{C} |\boldsymbol{x}_{ic} - \boldsymbol{x}_{jc}|^p\right)^{\frac{1}{p}}, \quad p \geqslant 1 \tag{7-3}$$

这里，p 定义在两个样本 $\boldsymbol{x}_i$ 和 $\boldsymbol{x}_j$ 之间，其中 p 是一个可选参数，C 是特征向量的维数，当取值为 1 或 2 时，分别变为马氏距离或欧氏距离（也即在本研究中使用的距离函数）。所有样本对的距离度量可以形成对称距离矩阵 $\boldsymbol{A}_m = [a_{ij}] \in \mathrm{R}^{n \times n}$。例如，$\boldsymbol{A}_m$ 矩阵中的行 i 和列 j 的 a_{ij} 元素表示为像素 i^{th} 与像素 j^{th} 之间的距离。

7.2.3 拉普拉斯矩阵

给出邻接矩阵 A 后，对应的图拉普拉斯矩阵 L 可以定义为 $L = D - A$，其中 $D = \mathrm{diag}(d_1,$ $d_2, \cdots, d_N)$ 是表示 A 矩阵度的对角线矩阵，$d_i = \sum_j a_{ij}$ 是节点 i 的度。为了提高图的泛化能力，可以给出对称归一化拉普拉斯矩阵 $\hat{L}$，其计算公式为：

$$\hat{L} = D^{-\frac{1}{2}} L D^{-\frac{1}{2}} = I - D^{-\frac{1}{2}} A D^{-\frac{1}{2}} \tag{7-4}$$

其中，I 是一个恒等矩阵。

7.2.4 傅里叶变换

由于 L 是一个实值对称正半定矩阵，有一组完备的正交特征向量 $\{u_i\} \in \mathbb{R}^n$，或称为图傅里叶模。与上述特征向量集合关联的有序实非负特征值 $\{\lambda_i\} \in \mathbb{R}^n$ 可以识别为图的频率。

用傅立叶基 $U = [u_i] \in \mathbb{R}^{n \times n}$ 对拉普拉斯矩阵进行了进一步的对角化，从而可以对其 L 进行光谱分解。所以，可以得到 $L = U \Lambda U^{-1}$，其中 $U = (u_1, u_2, \cdots, u_n)$ 是 L 和 $\Lambda = \mathrm{diag}([\lambda_1, \cdots, \lambda_n]) \in \mathbb{R}^{n \times n}$ 的特征向量集。U 为正交矩阵，也即 $U U^T = E$。因此，L 可以写成：

$$L = U \Lambda U^{-1} = U \Lambda U^T \tag{7-5}$$

在这里，有一个信号 $x \in \mathbb{R}^n$，其图傅里叶变换可以定义为 $\hat{x} = U^T x \in \mathbb{R}^n$，其逆变换是 $x = U\hat{x}$。此外，给定的基函数 F 可以用一组特征向量 L 等价地表示。

因此，一个图上的傅里叶变换 f 可以用基函数 F 表示为 $G(F[F]) = U^T f$，相应地逆变换变为 $f = U G(F[f])$，$G(F[\ ])$ 或 $G([\ ])$ 表示傅里叶域中图上的算子。

7.3 局部谱域滤波

本研究的主要内容包括：(1)通过收集基于图块的特征立方体和局部图相邻矩阵，采用监督的图深度学习模型进行拟合与推理。(2)图卷积层用于学习空间上局部的图表征和表示图节点的局部拓扑模式。

7.3.1 图块的邻接权重

无论是文献中基于图的准半监督学习，还是本研究中标准的监督学习，都需要使用图拉普拉斯正则化器从标注样本和未标注样本构造图数据，以平滑数据流形的分类函数。因此，可以将高维高光谱数据转化到适应低维建模和计算的低维子空间中。在这里，用节点和边构造了一个图，其中节点由未标注和标注样本规定，而边规定了标注样本和未标注样本之间的相似性。拉普拉斯正则化的影响取决于图邻接矩阵的构造。如图7-4所示,局部特征立方体是通过使用主成分分析(principal component analysis,PCA)创建的,局部图结构的构造主要涉及:(1)局部图邻接关系的确定;(2)具有样本数量的多个图权值的计算。最后,在标准监督学习范式中对图深度学习模型进行拟合后,可以将土地覆盖类的正确标签分配给每个基于图块的高光谱立方体。

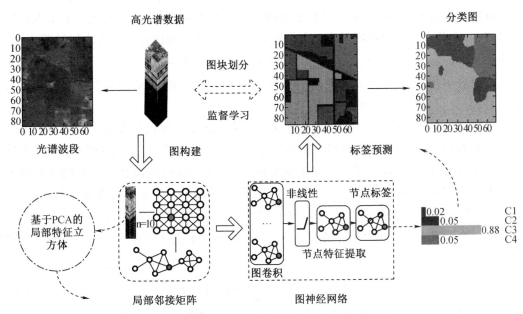

图7-4 局部谱图滤波器进行高光谱影像分类(HSIC)的图深度学习框架

高维数据分布可能形成自多个流形的重叠。现有的方法假设高光谱数据是一个单一的流形,遵循标签平滑假设,或多个良好分离的流形(也即不满足标签平滑假设)。图可以用k-近邻(k-nearest neighbor, k-NN)边构造。附近的节点是强连接的,并且有类似的标签。因此,原始的高光谱数据是在规则网格中构造的光谱向量,在图神经网络学习图表示之前,需要在不规则(或非欧氏)域中转换成图数据。给定高光谱数据矩阵$X \in R^{n \times c}$,n为样本的数量,以及c(例如取值10)是特征维度。由于原始高光谱数据,尤其是相邻波段间包含大量的冗余信息,特征约简(或特征降维)是基于机器学习的高光谱影像(HSI)处理中最广泛使用的技术之一。在以卷积神经网络(CNN)为代表的深度学习方法中,已知使用主成分分析(PCA)的贡献是有限的。但是对于本研究所提出的图卷积网络(GCN),发现采用主成分分析(PCA)变换是有益的,可以明显地提高高光谱影像分类(HSIC)的性能。

因此,本研究尝试了主成分分析(PCA)预处理(需要注意的是,主成分的数量被设置为10)来提取无监督特征,并减少内在数据相关性和噪声的影响。最后,利用k-NN构造图邻接矩阵,而基于k-NN的图构造方法最受遥感社区的青睐。一个k-NN构造的图邻接矩阵(也即图权重)通过从给定数据中选择k个连接最接近中心节点x_i的相邻节点来进行计算。也就是说,计算$X \in R^{n \times c}$中像素的k邻域加权图,一组局部权重矩阵(也即邻接矩阵)$\{A_i\}_{i=n}$通常会在所有标注和未标注样本之间计算得出,以参与接下来的分类过程。因此,

相邻节点 x_i 和 x_j 并具有相关联的权重(例如,$w_{ij} = 0$ 意思是没有联系)。需要注意的是,大多数图构造方法使用 k-NN 生成邻接矩阵(也即邻接图)。然而,k-NN 可能无法获得足够的判别信息。

7.3.2　谱域图滤波

在图上运行 CNN 的过程中,往往希望将一幅图像表示为一个图,因此一个节点对应一个像素,一个节点的一个特征对应一个像素值,一个边特征对应每个像素之间的距离(如欧氏距离)。在过去的几年里,学界对将卷积推广到图域越来越感兴趣。一方面,光谱卷积与图的光谱表示相结合,并已成功应用于节点分类。另一方面,非谱卷积直接在图上定义卷积,可以对空间上近邻的组进行操作。

换言之,定义图卷积滤波器有两种策略,也即空间方法和光谱方法。空间卷积采用基于空间的 GNN 定义基于节点空间关系的图卷积算子。将图像视为一个特殊的图,每个像素代表一个节点;由于相邻节点的顺序是固定的,因此训练权值可以在不同的局部空间中共享。与图卷积网络(GCN)相比,基于空间的图神经网络(GNN)方法具有更好的效率、灵活性和通用性。空间卷积被认为是图卷积的一个更温和的版本,通过聚集一个节点和它的邻居形成一个新节点(也即,从一个像素生成一个新像素)来创建卷积。图卷积在空间域可以表示为:

$$(f * g)(t) = \int_{-\infty}^{\infty} f(\tau) g(t - \tau) \tag{7-6}$$

与此同时,$F[\cdot]$ 表示傅里叶变换,图卷积在光谱域则可以表示为:

$$(f * g)(t) = F^{-1}[F[f(t)]] \odot F[g(t)] \tag{7-7}$$

光谱卷积采用卷积定理将卷积定义为在傅里叶基上的对角化的线性算子(表示为拉普拉斯算子的特征向量)。给定两个基函数 f 和 g,然后它们的卷积可以写成空间域的形式:

$$f(t) * g(t) = \int_{-\infty}^{\infty} f(\tau) g(t - \tau) \, d\tau \tag{7-8}$$

其中,t 是自变量,τ 是移位距离,$*$ 表示卷积算子(或在图上使用 $*G$ 或 $G(*)$ 表示卷积算子)。根据定理,卷积即可以推广到光谱域:

$$f * g = F^{-1}\{F[f] \times F[g]\} \tag{7-9}$$

其中,$\times$ 是元素间哈达马积,F^{-1} 表示逆傅里叶变换。因此,可以将图上的卷积运算转换为定义傅里叶变换 F 或找到一组基函数。根据前面提到的图傅里叶变换,图上 f 和 g 之间的图卷积可以进一步表示为:

$$G([f * g]) = U\{[U^{\mathrm{T}}f] \times [U^{\mathrm{T}}g]\} \tag{7-10}$$

通过上述计算,引入傅里叶正逆变换,即可实现卷积神经网络(CNN)在图结构化数据上的扩展。

7.3.3　局部图卷积

当涉及局部图卷积算子的构造时,空间方法通过设置核的有限大小来提供滤波器定位,而谱方法,如谱域图滤波,可以通过卷积在图上提供一个定义良好的定位算子,并在谱域中实现克罗内克三角运算(Kronecker delta)。在这方面,谱域图滤波是构造图卷积滤波器的有效方法。假设通过在图的傅里叶变换上施加一个额外的光谱滤波器 g_θ,我们可以得到

$$G([f * g_\theta]) = g_\theta(L)f = g_\theta(L)f = g_\theta(U\Lambda U^{\mathrm{T}})f = Ug_\theta(\Lambda U)^{\mathrm{T}}f \tag{7-11}$$

其中,$g_\theta(\Lambda)$ 是 L 的特征值 Λ 相对于变量 θ 的函数。参数 $\theta \in \mathrm{R}^n$ 是傅里叶系数向量。g_θ 因为是非参数滤波器,所以 $g_\theta(\Lambda) = \mathrm{diag}(\theta)$。然后,$U^{\mathrm{T}}g$ 可以等价地写成 $g_\theta(\Lambda)$ 或 g_θ。也就是说,图上的卷积可以表示为

$$G([f * g_\theta]) = Ug_\theta U^{\mathrm{T}}f \tag{7-12}$$

实际上,非参数滤波器在节点空间中可能存在固有的不足,具有较高的学习复杂度。在这种情况下,引入多项式滤波器对局部滤波器进行参数化,可将其定义为

$$g_\theta(\Lambda) = \sum_{k=0}^{K-1} \theta_k \Lambda^k \tag{7-13}$$

其中,参数 $\theta = [\theta_i] \in \mathrm{R}^K$ 是多项式系数向量。此时,顶点 j 在以顶点 i 为中心的滤波器 g_θ 中的值为

$$(g_\theta(L)\delta_j)_j = (g_\theta(L))_{i,j} = \sum_k \theta_k(L^k)_{i,j} \tag{7-14}$$

其中,核是通过与克罗内克三角(Kronecker delta)函数 $\delta_i \in \mathrm{R}^n$ 的卷积来定位的。K 与图上连接两个顶点的最小边数有关(也即最短路径距离)。因此,用拉普拉斯的 k^{th} 阶多项式表示的谱滤波器来精确实现包围 K 参数的 K 定位。

当图卷积滤波器关于 K 局部化时,由于是与傅里叶基 U 的乘法运算,滤波图信号的成本可能相对较高。实际的解决方案是参数化 $g_\theta(L)$ 为多项式函数,例如,切比雪夫多项式(Chebyshev polynomials)的 k^{th} 阶截断展开和兰索斯(Lanczos)算法,可以由 L 递归计算得到。因此,局部图卷积滤波器可以参数化为切比雪夫(Chebyshev)多项式的截断展开:

$$G([f * g_\theta]) \approx \sum_{k=0}^{K-1} \theta'_k T_k(\widetilde{L})f \tag{7-15}$$

和

$$g_\theta(\Lambda) = \sum_{k=0}^{K-1} \theta'_k T_k(\widetilde{\Lambda}) \tag{7-16}$$

其中,$\theta' \in \mathrm{R}^K$ 是切比雪夫(Chebyshev)系数向量。$T_k(\widetilde{L}) \in \mathrm{R}^{n \times n}$ 和 $T_k(\widetilde{\Lambda}) \in \mathrm{R}^{n \times n}$ 则可以分别在尺度化的拉普拉斯(scaled Laplacian)$\widetilde{L} = 2\widetilde{L}/\lambda_{\max} - I$ 和 $\widetilde{\Lambda} = 2\hat{\Lambda}/\lambda_{\max} - I$ 进行评估。$\hat{L}$ 和 $\hat{\Lambda}$ 表示归一化的 L 和 Λ。$\lambda_{\max}$ 表示 $\widetilde{L}$ 最大的特征值。

7.3.4 图卷积神经网络

基于图的卷积神经网络(CNN)的体系架构,如图 7-5 所示,$S_i\{i = 1,2\}$ 表示关键子流,$P_j\{j = 1,2,3\}$ 表示几组参数设置。需要注意的是,CNN 和 GCN 是完全独立的网络。采用节点的空间域卷积表示传播规则来拟合所设计的图卷积网络(GCN):

$$H^{l+1} = h\left(\widetilde{D}^{-\frac{1}{2}}\widetilde{A}\widetilde{D}^{-\frac{1}{2}}H^lW^l + b^l\right) \tag{7-17}$$

其中,$\widetilde{A} = A + I$ 和 $\widetilde{D}_{i,i} = \sum_j \widetilde{A}_{i,j}$ 分别被定义为 A 和 D 的重新归一化项。此外,H^l 表示 l^{th} 层的输出,并且 $h(\cdot)$ 是关于所有层($l = 1, 2, \cdots, p$)的权重 $\{W^l\}_{l=1}^P$ 和偏差 $\{b^l\}_{l=1}^P$ 的激活函数(例如,本研究采用指数线性单元(exponential linear unit,ELU))。特别是,Rhee 等提出利用切比雪夫近似(Chebyshev approximation),进一步提高了该方法的计算效率。

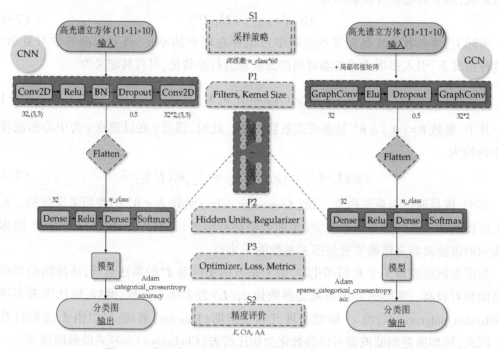

图 7-5 卷积神经网络(CNN)和图卷积网络(GCN)架构

此外,样本 s 对应的 l^{th} 个输出特征图,由下式计算得到:

$$y_{s,l} = \sum_{i=1}^{F_{in}} g_{\theta_{i,l}}(L)x_{s,i} \in R^n \tag{7-18}$$

其中,$x_{s,i}$ 为输入的特征图,切比雪夫(Chebyshev)系数 $\theta_{i,l} \in R^K$ 的 $F_{in} \times F_{out}$ 个向量是该层的可训练参数。用反向传播算法训练多个卷积层时,每个层都需要两个梯度:

$$\frac{\partial E}{\partial \theta_{i,j}} = \sum_{s=1}^{S}\left[\bar{x}_{s,i,0}, \cdots, \bar{x}_{s,i,K-1}\right]^T \frac{\partial E}{\partial y_{s,j}} \tag{7-19}$$

和

$$\frac{\partial E}{\partial x_{s,i}} = \sum_{j=1}^{F_{out}} g_{\theta_{i,j}}(L)\frac{\partial E}{\partial y_{s,j}} \tag{7-20}$$

其中,E 是在一小批样品 S 上的能量损失。上述三种计算都可归结为 K 个稀疏矩阵-向量乘法和单个密集矩阵-向量乘法。在图神经网络的顶部,将确定目标函数,以尽量减少训练损失,并确保在收敛方面的鲁棒性。最后,未标注样本可划分为不同的已知土地覆盖类别。

7.4 实验与分析

7.4.1 实验数据集

本实验使用了四个具有不同空间分辨率的真实高光谱数据集,如图 12 和表 7-1 所示。Indian Pines-A (IA)、Salinas Valley-A (SA)、Salinas Valley (SV) 和 Pavia University (PU) 数据集可在网上公开访问和获取(http:// www. ehu. eus/ ccwintco/ index. php? Title = Hyperspectral_ Remote_ Sensing_ Scenes)。

表 7-1 **Indian Pines-A(IA)、Salinas Valley-A(SA)、Salinas Valley(SV)和 Pavia University(PU)数据集的地面真实样本划分**

数据集	编码	类别	样本数	训练集	测试集	验证集
IA	C0	Not-groundtruth	1 534			
	C1	Corn-notill	1 005	60	885	60
	C2	Grass-trees	730	60	610	60
	C3	Soybean-notill	741	60	621	60
	C4	Soybean-mintill	1 924	60	1 804	60
SA	C0	Not-groundtruth	1 790			
	C1	Brocoli_green_weeds_1	391	60	271	60
	C2	Corn_senesced_green_weeds	1 343	60	1 223	60
	C3	Lettuce_romaine_4wk	616	60	496	60
	C4	Lettuce_romaine_5wk	1 525	60	1 405	60
	C5	Lettuce_romaine_6wk	674	60	554	60
	C6	Lettuce_romaine_7wk	799	60	679	60

表 7-1（续）

数据集	编码	类别	样本数	训练集	测试集	验证集
SV	C0	Not-groundtruth	56 975			
	C1	Brocoli_green_weeds_1	2 009	60	1 889	60
	C2	Brocoli_green_weeds_2	3 726	60	3 606	60
	C3	Fallow	1 976	60	1 856	60
	C4	Fallow_rough_plow	1 394	60	1 274	60
	C5	Fallow_smooth	2 678	60	2 558	60
	C6	Stubble	3 959	60	3 839	60
	C7	Celery	3 579	60	3 459	60
	C8	Grapes_untrained	11 271	60	11 151	60
	C9	Soil_vinyard_develop	6 203	60	6 083	60
	C10	Corn_senesced_green_weeds	3 278	60	3 158	60
	C11	Lettuce_romaine_4wk	1 068	60	948	60
	C12	Lettuce_romaine_5wk	1 927	60	1 807	60
	C13	Lettuce_romaine_6wk	916	60	796	60
	C14	Lettuce_romaine_7wk	1 070	60	950	60
	C15	Vinyard_untrained	7 268	60	7 148	60
	C16	Vinyard_vertical_trellis	1 807	60	1 687	60
PU	C0	Not-groundtruth	164 624			
	C1	Asphalt	6 631	60	6 511	60
	C2	Meadows	18 649	60	18 529	60
	C3	Gravel	2 099	60	1 979	60
	C4	Trees	3 064	60	2 944	60
	C5	Painted metal sheets	1 345	60	1 225	60
	C6	Bare Soil	5 029	60	4 909	60
	C7	Bitumen	1 330	60	1 210	60
	C8	Self-Blocking Bricks	3 682	60	3 562	60
	C9	Shadows	947	60	827	60
tab20 色彩图	C1 C2 C3 C4 C5 C6 C7 C8 C9 C10 C11 C12 C13 C14 C15 C16 C17 C18 C19 C20					

注:给定的"tab20"是一种定性的颜色图,包含了 20 种易于区分的不同颜色,并非是视觉上具有平滑梯度的颜色。定性的色彩图的目的并不是为了创建感知图,也不存在色彩梯度。也就是说,不一定蓝色用于表示水体,或是绿色表示植被这样配置颜色,但是通过观察亮度参数可以有效地观察和区分不同的类别。

  Indian Pines(IP)场景是由 224 波段 AVIRIS 传感器在波长范围 400 至 2 500 nm 以 20 m 的空间分辨率(即 20 米/像素,或缩写为 20m/p)在印第安纳州西北部采集的。

IA 数据集是 IP 数据集的一个子集,由 86×69 个像素组成,通过去除覆盖水汽吸收区域的波段,总共包含 200 个光谱反射波段。

SV 场景也是由 AVIRIS 传感器(其中去掉了 20 个吸收水汽的波段),在萨利纳斯(Salinas)山谷采集的,其中包括 512 个×217 个像素,有 16 个类,但空间分辨率为 3.7 m/p。同样,SA 场景是 SV 场景的一个小子场景,是由 86×83 个像素组成,共有 6 个类。

PU 场景是由 ROSIS 传感器在意大利北部帕维亚大学(Pavia University)获得的。在去掉 13 个噪声最大的波段后,PU 数据集由 103 个光谱波段组成,其大小为 610×340,空间分辨率为 1.3 m/p。同时,地面参考图中包含了 9 个地物类别。

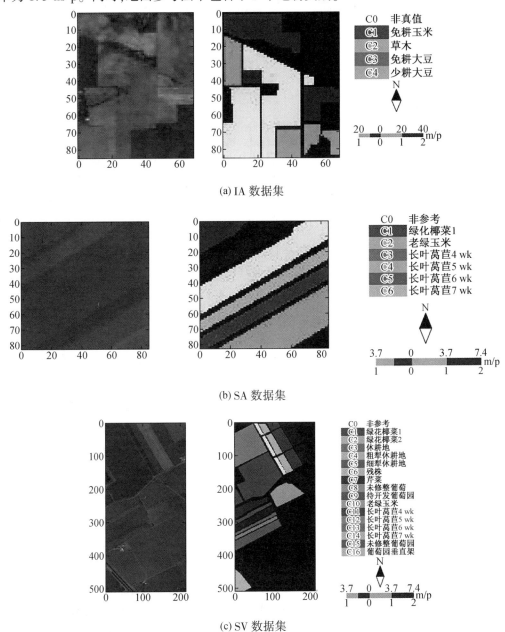

(a) IA 数据集

(b) SA 数据集

(c) SV 数据集

图 7-6　四个高光谱数据集的伪彩色图像和地面真实参考图像

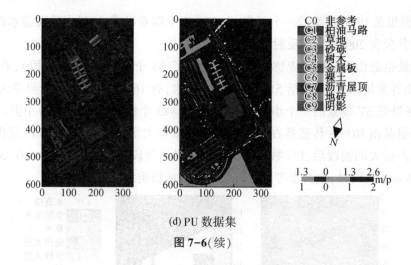

C0	非参考
C1	柏油马路
C2	草地
C3	砂砾
C4	树木
C5	金属板
C6	裸土
C7	沥青屋顶
C8	地砖
C9	阴影

(d) PU 数据集

图 7-6(续)

7.4.2 环境、参数和训练

运行环境:本研究采用的实验平台是笔记本电脑,配备了英特尔酷睿 i7-9750 12 核 2.60 GHz 的处理器,256 GB SDD 固态硬盘,1T 的 HD 机械硬盘,16G RAM 内存,8G GDDR6 显存的 NVIDIA RTX2070 显卡。实验程序运行在 GPU 上,旨在实现更高的计算速度。由于只使用较小的训练数据,即每个类别只有 60 个样本,实验的运行时间可以控制在几分钟内,每次随机执行(独立运行)分 5 和 10 次,迭代 200 次(或提前停止,当超过 100 代时)。因此,实验整体相对较快,在复杂网络方面表现出很好的效率。为了确保与卷积神经网络(CNN)可以完全比较,并改进传统的图卷积网络(GCN),本研究尽力试图保证两种神经网络架构的参数设置尽可能相似。

样本确定:本研究对每个数据集的每个模型随机执行了 5 次和 10 次实验,并保持了训练集和验证集的大小独立。通过随机清洗这些样本,有效减少了随机效应的可能影响,并与此同时记录统计训练与预测的精度。因为选择合格的训练样本对所提出的算法进行拟合和评价具有重要的意义。如表 7-1 所示,未标注的训练样本被编码为 C0,背景颜色为白色。对于所有数据集,所有类的训练集的大小设置为 60,与验证集的大小相同(也即 $n_{class} \times$ 60)。除包含在训练和验证集中的样本外,所有其他样本都作为测试集。数据集的类型可能是本研究中不可忽视的因素。PU 数据集是在一个城市地区收集的。IA、SA 和 SV 数据集是在自然区域收集的。IA 和 SA 场景属于数据复杂度较低的简单数据集,而 SV 和 PU 场景无论在空间尺度上还是在景观多样性上都相对复杂。此外,IA 和 SA 数据集相对于整个场景有很大比例的地面真实样本和较低的类内变异性。这些内在差异对于研究深度学习模型在简单或复杂数据上的表示能力至关重要。

训练过程:训练过程细节包括了训练和验证过程的准确性和损失。许多因素会影响这些曲线,因此可以表明模型是否足够合格,或者其参数配置适合于后续的参数学习。实验表明,对于简单的数据集,即在 IA 和 SA 数据集上,CNN 和 GCN 模型逐渐收敛,表现出良好的收敛行为。当它涉及复杂的数据集时,即在 SV 和 PU 数据集上,CNN 模型在约 10 代时稳定得更快,而其验证损失曲线(Val_loss)似乎具有异常的收敛行为,相应的 GCN 模型变得越来越平缓。如图 7-7 所示,(a) CNN-SV,(b) CNN-PU,(c) GCN-SV,(d) GCN-PU,分别对应于五次随机运行的实验。总的来说,GCN 模型比 CNN 模型更好地表示了全局收敛性,尽管 GCN 模型在处理局部部分时遇到了一些困难,可能是受到学习速率的影响。

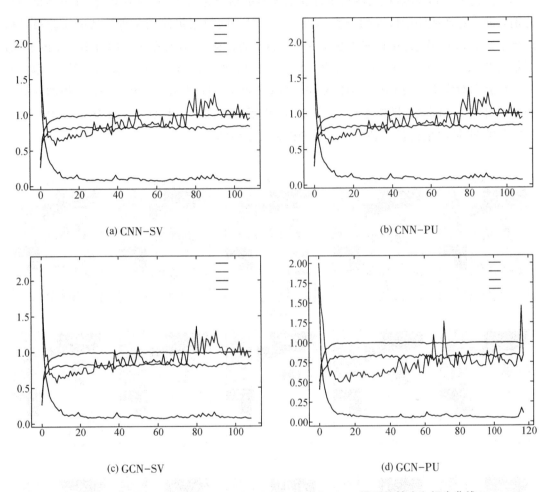

图 7-7 SV 和 PU 数据集的第一次运行中 CNN 和 GCN 模型的精度和损失曲线

相对于深度学习模型,机器学习算法比如支持向量机(SVM),通常涉及训练集(也即,随机选择每个类别的 60 个样本来拟合分类器)和测试集,而没有专门的验证集。在本研究中,我们对超参数进行了微调(也即两个参数,误差项的惩罚参数和"RBF"的核系数)。支持向量机分类器的实现是基于"libsvm"的一种方案。此外,所有网格搜索都是使用五倍交叉验证计算的。对于 IA、SA、SV 和 PU 数据集,在第一次独立运行中得到的最佳参数是:(1)惩罚参数分别固定在 10.0、10.0、100.0 和 100.0;(2)"RBF"的核系数分别为 0.1、0.1、0.1 和 0.1。最后,最佳得分分别为 0.887 5、0.986 1、0.929 2 和 0.848 1。

7.4.3 分类结果图

本研究提出的高光谱影像(HSI)分类实验是基于光谱波段的强度值(而不是反射值)进行的。经过训练和预测过程,所有未标注的样本被划分为适当的类别;然后,分类结果图将特别有助于定性地评估最终的分类结果。由于对不同数据集使用每种算法的实验被随机运行了5次和10次,这里首先绘制了SVM、CNN的分类图,以及在5次运行中给出的IA数据集的GCN。如图7-8所示,SVM和CNN,对于IA数据集的五次随机运行。第一、第二和第三行分别对应于(a)SVM、(b)CNN和(c)GCN算法。同时,第一、第二、第三、第四和第五列分别对应于不同次的随机运行)。随后,给出了所有高光谱数据集第1次运行中三种算法的分类图,同时也进行了必要的结果分析和文字说明。

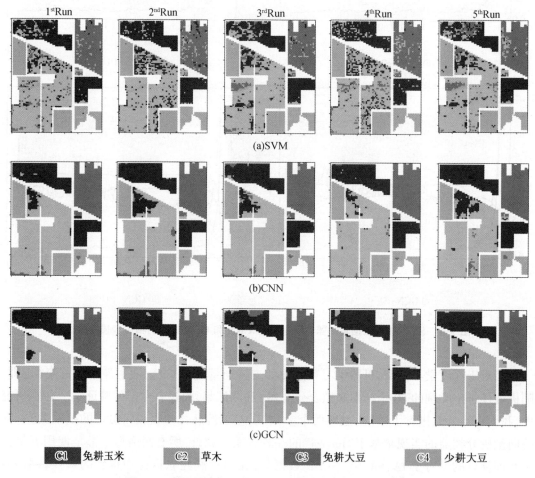

| C1 免耕玉米 | C2 草木 | C3 免耕大豆 | C4 少耕大豆 |

图7-8 所示图卷积网络(GCN)及其对比算法的分类图

如图7-8所示,SVM算法得到的分类图的出现"椒盐"现象,因为SVM本质上是像素级分类器,分类错误可能往往是由于不同土地覆盖类别之间的高类内变异性和低类间差异性所致,不同算法的相似结果通常出现在不同的随机运行中。随后的精度统计和相应的概率图也支持这种分析。如图7-9所示,第一次运行四个真实的高光谱数据集,SVM(第二列)和CNN(第三列),(a)IA数据集,(b)SA数据集,(c)SV数据集,(d)PU数据集,对应于5次(非10次)随机运行的实验)。如图7-9所示,GCN模型与其他两种算法,也即SVM和CNN相比,具有很好的分类效果。此外,在涉及复杂的陆地景观结构或地表表面材质的非均匀区域,大多数错漏误差都发生在非均匀区域。分类错误可能主要是由类之间的一些固有的不确定性引起的。很明显,GCN模型获得了相当好的结果,并超越了SVM和CNN算法。

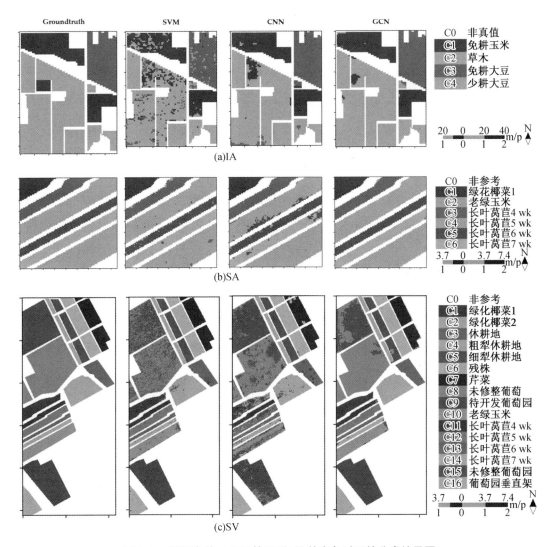

图7-9　所提出的GCN(第四列)及其竞争对手的分类结果图

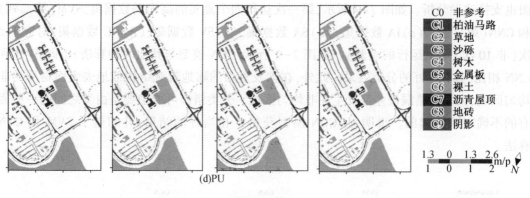

C0 非参考
C1 柏油马路
C2 草地
C3 沙砾
C4 树木
C5 金属板
C6 裸土
C7 沥青屋顶
C8 地砖
C9 阴影

(d)PU

图7-9(续)

7.4.4 精度统计

三个广泛使用的精度度量指标,即 Kappa 指数(K)、总体精度(OA)、平均精度(AA),用于评估分类结果,这些结果来自特定点的混淆矩阵。需要注意的是,不同数量的随机运行的实验是彼此间独立进行的。如表7-2所示,所提出的 GCN 无疑获得了所有使用的高光谱数据集的最佳分类性能。关于 SA 和 SV 数据集的 CNN 模型,结果的准确性似乎是意料之外的。原因是我们将迭代次数数从 50 个扩展到 200 个,CNN 模型在监测其验证损失时触发了早期停止事件。较大的迭代次数可能导致更差的收敛和性能的同时下降。同时,这一结果还表明,简单数据集和复杂数据集之间的差异可能对度量性能产生重大影响。

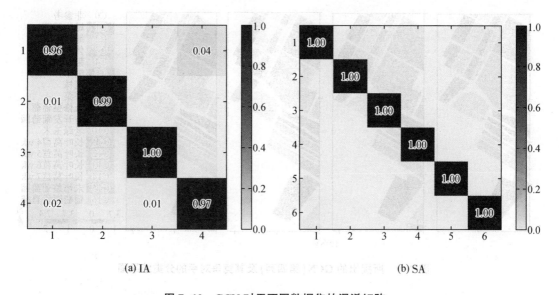

(a) IA   (b) SA

图7-10 GCN 对于不同数据集的混淆矩阵

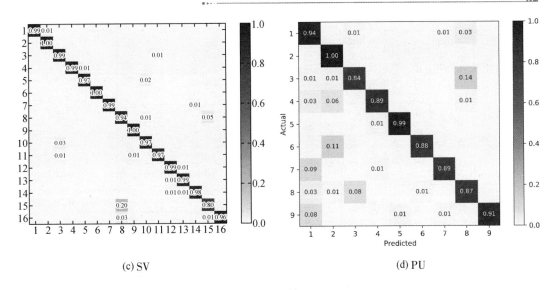

(c) SV (d) PU

图 7-10(续)

为了分析 GCN 模型的错分类错误,根据所提出的 GCN 模型绘制了性能最好的不同数据集的混淆矩阵。如图 7-10 所示,对应于 5 次(非 10 次)随机运行的实验。(a)IA 数据集处于第 5 次随机运行,(b)SA 数据集处于第 3 次随机运行,(c)SV 数据集处于第 3 次随机运行,(d)PU 数据集处于第 2 次随机运行)。对于 IA 数据集,我们得到了精度{K:0.964 4;OA:0.975 0;AA:0.979 6};类别 1(Corn-notill)有 32 个样本(0.04%)被错误地归类为第 4 类(Soybean-mintill),而类别 4 (Soybean-mintill)有 58 个样本(0.03%)被错误地预测为其他类别,这可能意味着潜在的类间负面影响(inter-class negative influence)。由于 SA 数据集相对简单,相应的结果精度几乎饱和,即为{K:0.999 7;OA:0.999 8;AA:0.999 8}。对于精度{K:0.948 6;OA:0.953 9;AA:0.971 1}的 SV 数据集,大多数错误分类发生在第 8 类(Grapes_untrained)和第 15 类(Vinyard_untrained)中,这可能意味着两个类之间明显的类间相似性。观察 PU 数据集的精度{K:0.924 7;OA:0.943 6;AA:0.912 3},可能会有更多的类存在类间分类错误,可能是因为 PU 场景位于城市环境中,具有相对复杂的陆地景观成分。

7.4.5 最大预测概率图

预测的概率空间密度(也即用最大预测概率进行空间范围内单一属性遥感制图)可被视作为一个有效的指标来表示分类输出的置信度。在这方面,标签分配取决于是否具有最大预测概率的可信预测,并确定最终的分类输出。概率图通常可以用于观察空间概率密度和寻找弱预测。

表 7-2 四个真实高光谱数据集的 5 次和 10 次随机运行的统计分类精度

数据集\精度指标	SVM			CNN			GCN		
	K	OA	AA	K	OA	AA	K	OA	AA
IA^5	0.764 6±0.017 4	0.834 3±0.012 0	0.857 4±0.013 6	0.899 0±0.010 3	0.929 4±0.007 6	0.950 6±0.004 3	0.955 0±0.006 4	0.968 5±0.004 5	0.969 2±0.006 2
SA^5	0.979 3±0.005 4	0.983 6±0.004 3	0.981 8±0.006 5	0.947 7±0.015 3	0.958 6±0.012 2	0.970 1±0.007 9	0.998 3±0.001 0	0.998 7±0.000 8	0.998 2±0.001 1
SV^5	0.837 0±0.007 6	0.853 3±0.007 0	0.922 9±0.002 7	0.789 5±0.012 6	0.810 1±0.011 5	0.824 4±0.005 7	0.936 0±0.009 9	0.942 6±0.008 8	0.961 4±0.009 0
PU^5	0.701 5±0.006 5	0.765 1±0.005 1	0.827 0±0.009 0	0.723 8±0.023 5	0.785 6±0.020 4	0.842 3±0.012 1	0.911 3±0.008 0	0.933 6±0.005 9	0.892 7±0.012 8
IA^{10}	0.767 1±0.015 6	0.835 5±0.011 4	0.861 3±0.010 6	0.893 0±0.024 9	0.925 0±0.018 2	0.947 5±0.009 4	0.957 9±0.010 4	0.970 6±0.007 2	0.970 2±0.007 5
SA^{10}	0.979 5±0.004 6	0.983 7±0.003 6	0.982 3±0.005 5	0.963 7±0.007 4	0.971 3±0.005 8	0.978 3±0.003 8	0.997 8±0.002 0	0.998 2±0.001 6	0.997 7±0.002 1
SV^{10}	0.838 9±0.008 0	0.855 1±0.007 3	0.922 4±0.003 7	0.789 6±0.006 9	0.810 5±0.006 4	0.823 4±0.009 8	0.940 5±0.013 6	0.946 5±0.012 3	0.966 3±0.006 3
PU^{10}	0.703 8±0.016 8	0.767 4±0.014 8	0.827 4±0.008 8	0.721 8±0.031 4	0.783 6±0.026 7	0.842 4±0.015 2	0.907 9±0.015 3	0.930 9±0.011 7	0.891 6±0.018 5

　　本研究绘制了每个分类模型的最大预测概率图,以表明 GCN 模型比流行的 CNN 模型具有明显的优势,并且在概率图中可以反映出明显的区别。如图 7-11 所示,(a) IA 数据集,(b) SA 数据集,(c) SV 数据集,(d) PU 数据集,对应于 5 次(非 10 次)随机运行的实验。需要注意的是,颜色越深,则预测越弱。在一个整体场景中,高光谱影像(HSI)分类任务的弱预测以前已经被学者报道过。同样地,本研究实验结果说明了 CNN 和 GCN 模型之间具有典型但不明显的差异。也就是说,每个中心像素位于类别边缘的高光谱立方体的最大预测概率相对较低。由此看来,GCN 网络可能更好地刻画不同土地覆盖类别之间的边界。此外,在交叉地区和非地面真相样本所覆盖的地区可能更有可能发生弱预测的现象。

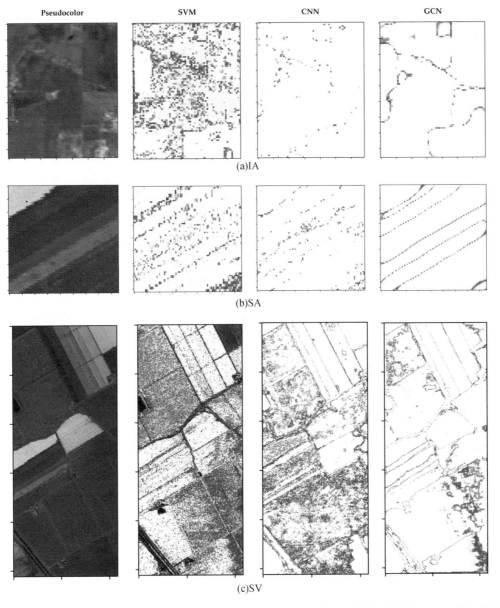

图 7-11　图卷积网络(GCN)及其对比算法在第 1 次运行四个真实的高光谱数据集获得的最大预测概率图

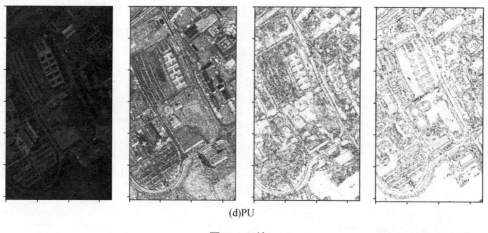

(d)PU

图 7-11(续)

7.4.6 运行时间

时间成本的统计与深度学习网络结构参数量有关。因此,根据网络参数的大小,可以近似地推导出深度学习模型所产生的计算代价。在实践中,训练和测试时间通常是根据计算机操作系统的时钟设置来记录的。如表 7-3 所示,即 5 次和 10 次随机运行所用的平均时间。需要注意的是,括号中关于数据集和分类模型的数字分别表示样本数和网络参数量。CPU 加 GPU 的处理时间可能取决于许多可能的因素,即神经网络中的随机性、内存存储效率和计算环境的差异等。需要注意的是,本研究试图使所提出的 CNN 和 GCN 的网络结构尽可能具有可比性,所以尽可能使用相同或相近的神经网络架构(并非最优或最佳结构),从而促进进一步的改进和对比分析。

本书在保持设计的多种深度神经网络体系架构具有可比性情况下,所提出的 CNN 和 GCN 模型之间的差异依赖于具有批归一化层的卷积层和图卷积层之间的差异。也即,参数量具有差异的层将影响整个网络的可训练参数数量,从而影响到网络的训练效率。从另一个角度来看,两种神经网络架构的网络复杂度大致相当,正如预先所预期的那样。然后,通过观察表 7-3,除了简单的数据集外,所提出的 GCN 模型的训练时间大约是 CNN 模型的 2 倍,这样的发现可以通过对比不同神经网络参数(也即,CNN:1.22×10^5;GCN:2.50×10^5)的数量来进一步证实。

表7-3 不同深度网络总参数和时间消耗

Alg(Para)/ Dat(Num)/ Time(s)	IA (86×69×200)		SA (83×86×204)		SV (512×217×204)		PU (610×340×103)	
	Training (240)	Test (3920)	Training (360)	Test (4628)	Training (960)	Test (52209)	Training (540)	Test (41696)
SVM^5	1.00±0.04	0.01±0.01	2.22±0.01	0.02±0.01	17.35±0.25	1.29±0.05	5.77±0.01	0.55±0.04
CNN^5(1.22×10^5)	14.65±4.47	0.31±0.01	17.07±3.33	0.39±0.02	18.49±0.27	5.00±0.14	15.03±0.94	3.21±0.05
GCN^5(2.50×10^5)	13.22±1.22	0.24±0.00	20.41±0.72	0.31±0.00	43.39±0.48	3.61±0.07	28.10±0.59	3.03±0.06
SVM^{10}	1.05±0.06	0.01±0.00	2.24±0.03	0.02±0.01	17.47±0.20	1.27±0.03	5.80±0.10	0.56±0.04
CNN^{10}(1.22×10^5)	12.69±2.98	0.33±0.03	14.79±2.34	0.37±0.01	18.06±1.16	4.79±0.31	13.72±0.85	3.04±0.04
GCN^{10}(2.50×10^5)	13.50±4.12	0.24±0.01	21.52±1.31	0.32±0.01	50.04±2.85	4.08±0.13	35.08±2.69	3.62±0.14

7.4.7 讨论与总结

深度学习模型在 HSI 分类中得到了广泛的应用,并因其较强的表征能力而受到越来越多的关注。特别是,新颖的图表示学习和图神经网络在分析图结构数据方面表现出良好的算法性能。在本研究中,不仅回顾了最近有关基于图的 HSI 分类算法的研究,而且还提出了一种新的基于图的谱域滤波图神经网络算法,具有较好的分类性能。值得一提的是,本研究所提出的 GCN 模型确实改善了通过观察概率图发现的弱预测现象,可间接地说明其在刻画不同土地覆被类别边界方面的优点。总之,图深度学习代表了高光谱影像分类方法学未来的研究方向,可以增强 HSI 分类研究领域的广度和深度。

本研究的主要结论包括:(1)通过数据降维实验表明,额外的数据降维或有效的特征学习对于提高高光谱影像分类器训练的效率、提升深度学习或图深度学习模型的最终分类精度是有益的。(2)采用局部谱图滤波方法,在图深度学习模型训练的过程中,可以优化参考高光谱图立方体而构建的邻接矩阵,使得图卷积网络对于高光谱图块数据具有良好的适用性。(3)采用标准的监督学习相较于能利用少量有标签样本和大量无标签样本的半监督学习有所退化,未来如果能够结合全图邻接矩阵,对于全局图结构信息挖掘仍有一定的可参考性。(4)图卷积网络(GCN)相较于卷积神经网络(CNN)、支持向量机(support vector machine,SVM)能取得不错的分类性能,尤其是对于复杂高光谱实验数据集。此外,GCN 模型具有更优异的收敛特性。(5)不同复杂度数据集上的实验表明,高光谱影像分类的结果不仅取决于分类器或模型、采样过程、参数选择,还与数据集地表场景的复杂性和样本数据的质量有关系。(6)高光谱数据输入到图深度学习模型的方式借鉴了以往的图像深度学习过程策略,就现有 GNN 处理 HSI 数据的研究而言,仍不失为一种新颖的方法。

本研究实验表明,基于局部图卷积滤波器的分类模型具有良好的应用前景。未来的工作将包括:(1)测试多维数据集,其中主成分个数小于 10;(2)使用解释性方差比(explained variance ratio)进行 PCA 预处理效果的评价。

第8章 集成 t-SNE 流形学习的图注意力分类方法

8.1 本章概述

考虑将规则网格的高光谱影像转化到不规则域，则可以适应基于图的深度学习所具有的优点。图表示学习（graph representation learning，GRL）和图神经网络（graph neural network，GNN）在图数据学习和特征拓扑关系建模方面具有明显的优越性，是一种很有前途的学习方法。特别是，图注意力网络（graph attention network，GAT）能够有效地处理图结构的高光谱数据，利用隐藏的自注意层来克服以往基于图卷积或其近似框架的已知缺点。

如图 8-1 所示，考虑到 t-SNE 是一种相较于 PCA 最先进的数据降维与可视化方法。本文提出了一种结合 t-SNE 流行学习、局部谱域滤波和图注意力网络（GAT）的高光谱影像分类（HSIC）方法。首先，对于原始高光谱影像，采用 t-SNE 流形学习方法进行特征降维，生成特定主成分数的高光谱特征立方体；然后，结合特征立方体与局部邻接矩阵，进一步训练图注意力网络（GAT）和预测样本的类别标签。最后，通过减少光谱信息的冗余度和增强局部空间-光谱信息的表达，获得识别不同地表覆被的可靠分类结果。

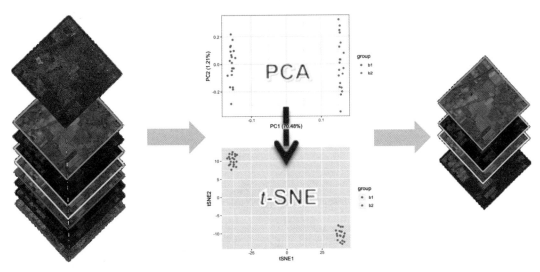

图 8-1 PCA 改进为 t-SNE

t-SNE(t-distributed stochastic neighbor embedding,t-分布随机流形嵌入)是用于数据降维的一种机器学习算法,也是一种非线性降维算法,非常适用于将高维数据降维到2维或者3维,从而可以进行可视化。因此本研究选择将算法PCA和t-SNE降维后的主成分都设置为3个。实际上t-SNE也存在很多的问题:(1)t-SNE执行速度非常慢,不适合于大规模计算或者大的数据集;(2)t-SNE不能对除训练数据以外的数据进行变换处理;另外,(3)t-SNE的结果具有一定的随机性,无法保证变换结果的始终一致性,因此对超参的设置相对地比较严苛。与此同时,PCA能更好地选择构成足够大比例方差的维数,不能有效增强特征的可分离性。可分离性是数据可视化是最关注的问题,因此t-SNE的二维和三维可视化效果要明显地优于PCA。

不同于许多已有的相关工作,主要基于高光谱影像(HSI)半监督学习方法分类,使得输入的数据对应的邻接矩阵是建立自完整的图,利用图拉普拉斯正则器综合了标注和未标注节点。由于在训练或测试过程中,未标注节点是完全观察到的,而半监督学习的标准要求标注节点和未标注节点之间应满足独立同分布假设(independent identically distributed,IID)。因而在本研究中,同样遵循标准的监督学习策略来训练图注意力网络。采用真实的高光谱数据集进行实验表明,本研究方法具有良好的分类性能,也证明了融合空间和光谱信息、增强特征可分离性对高光谱影像分类的重要性。

继续之前基于谱图卷积神经网络(CNN)应用于高光谱影像(HSI)分类的工作,本研究的主要贡献总结如下:引入了一种基于图注意力的轻量级体系结构,对图结构化的高光谱数据进行节点分类。(1)利用基于t-SNE流形学习的特征约简来获取基于图块的特征立方体,并构建局部的图邻接矩阵,然后采用标准的监督学习策略来适应所提出的基于图的学习模型。(2)利用图注意力层学习图的空间局部图表示,并表示图节点的局部拓扑模式。(3)本研究中通过引入t-SNE流形学习技术,以优化深度网络预处理阶段的特征学习过程,提高样本在特征空间的可分离性。同时顾及图注意力机制在图神经网络家族中的重要地位,将其应用到高光谱影像分类任务,实验结果表明取得了较好的分类性能。

8.1　注意力方法

8.2.1　注意力机制

在注意力机制的广义框架方面,特别是基于图的注意力机制已被证明是一种非常有效的高光谱影像处理方法。过去几年,Zeng等根据分层聚类算法,结合聚类降维和视觉注意力机制,提出了一种高光谱影像分类方法。为了改善特征提取过程,Mdrafi等提出了一种自动特征提取方案,将其植入到基于注意力的域自适应残差网络中,生成更复杂但对高光谱影像分类有用的特征。Cui等为了结合空间注意力机制和通道注意力机制,提出了一种新的双三重注意网络,通过捕获跨维交互信息实现高光谱影像的高精度分类。在高光谱影像分类中,由于缺乏对象区域的位置监督,且相似度计算效率低,导致混合像元分类效果不理想。为了缓解上述问题,Li 等提出了一种新的分层同质注意力网络。

8.2.2 空谱注意力

光谱-空间注意力网络可以大致分为光谱和空间注意力模块:(1)光谱注意力模块擅长从原始输入的高光谱数据中选择具有代表性的光谱波段集。(2)空间注意力模块强调以像素为中心的邻域中有用的像素,而抑制不同类别或无用的像素。得益于这样的灵感,Haut等引入了一种新的视觉注意力驱动的残差网络(ResNet),包含了注意力机制,以更好地表征 HSI 数据中包含的光谱空间信息。Mei 等基于人类视觉系统的注意力机制,提出了一种用于高光谱影像分类的光谱-空间注意力网络。在他们的方法中,有注意力的递归神经网络(recurrent neural network,RNN)用于学习连续光谱内的光谱相关性,而有注意力的卷积神经网络(CNN)专注于空间维上相邻像素之间的显著性特征和空间相关性。

考虑到高光谱立方体中不同的光谱波段和空间位置具有不同的识别能力,Hang 等提出了一种具有光谱和空间注意子网络的注意力辅助的 CNN(attention aided CNN)模型,用于高光谱影像的光谱-空间分类。Dong 等设计了以原始三维 HSI 数据为输入数据的协同光谱-空间注意力密集网络。Sun 等提出了一种光谱-空间注意力网络,从高光谱影像立方体的注意区域中捕获有区别的光谱-空间特征。为了提取光谱-空间相关信息,Guo 等提出了一种结合二维和三维 CNN 的深度协同注意网络,用于高光谱影像分类。

为了充分挖掘高光谱影像在空间域和光谱域所包含的丰富背景信息,Li 等提出了一种数据驱动的联合空间-光谱注意力网络。Yu 等提出了一种空间-光谱密集 CNN 框架,具有反馈注意力机制,用于高光谱影像分类。Zhang 等提出了一种基于 CNN 的高效光谱分块残差网络用于高光谱影像分类,该网络将输入光谱波段划分成若干个不重叠的连续子波段,并使用级联并行改进的残差块分别从这些子波段提取光谱-空间特征。Guo 等提出了一种新的高光谱影像分类的深度框架,称为基于光谱-空间连接注意力机制的特征分组网络,从而整合光谱注意力模块和空间注意力模块,增强光谱波段的识别能力,共同学习相邻像素之间的空间相关性。Yan 等提出了一种三维级联的光谱-空间元素注意力网络,从一个小的训练样本集中学习更有意义的特征用于高光谱影像分类(HSIC)。

8.2.3 残差注意力

基于残差注意力的网络由多个注意力模块组成,每个注意力模块会产生注意力感知特征,并随着层的加深而自适应变化。Gao 等提出了一种用于高光谱影像分类的端到端预激活残差注意力网络。他们在网络中引入了预激活机制和注意力机制,并设计了预激活残差注意力块对通道响应进行自适应特征重新校准,学习更鲁棒的光谱-空间联合特征表示。

此后,Wu 等提出了一种基于 3-D CNN 的残差组通道和空间注意力网络用于 HSI 分类。首先,他们提出了一种自底向上和自顶向下的带有残差连接的注意力结构,通过在整个训练过程中优化通道和空间特征来提高网络训练效率。其次,他们提出了残差组通道式注意力模块来减少有用信息丢失的可能性,并提出了一种新的空间注意力模块来提取上下文信息来增强空间特征。

对于基于图块的 CNN 模型,其对来自以像素为中心的邻域的空间信息的平等处理会影响这些方法的分类性能。因此,Zhu 等提出了一种用于高光谱影像分类的端到端残差光谱-空间注意力网络。Xue 等针对高光谱影像的光谱-空间分类提出了一种具有注意力机制的新型分层残差网络,以提高传统深度学习网络的性能。

8.2.4　多尺度注意力

多尺度注意力是原始注意力机制的补充,可以在多个尺度上多次提取低层次特征。Zhang 等提出了一种结合注意力机制的多尺度残差网络,充分利用高光谱影像中的有用信息。为了充分提取高光谱影像的特征,提高影像分类的精度,Lu 等提出了一种新颖的基于三维通道和空间的多尺度空间-光谱残差网络,使用不同的三维卷积核,从各自的残差块不断地学习光谱和空间特性,最终提高高光谱影像特征的表达力。Xu 等设计了多尺度卷积,提取高光谱影像不同尺度的上下文特征,然后用八进制 3D CNN 代替普通 3D CNN,减少空间冗余,扩大感受野。

为了进一步探索可分辨特征,他们采用了通道注意力模块和空间注意力模块来优化特征图,提高分类性能。为了加大深度学习分类精度,Qing 和 Liu 提出了一种融合高效通道注意力网络的多尺度残差 CNN 模型,用于高光谱影像分类。Pu 等提出了一种基于注意力机制的方法,即具有光谱-空间注意力模型的多级特征网络,该模型由一个多级特征 CNN 和一个光谱-空间注意力模块组成。为了解决高光谱影像数据特征提取困难、信息利用不足的问题,Gao 等提出了一种基于三维卷积的多尺度密集连接注意力网络,用于高光谱影像分类。

8.2.5　混合注意力

引入波段注意力块,学习波段之间的依赖关系,生成波段间权值。Dong 等提出了一个波段注意力模块来实现基于深度学习的高光谱影像分类,具有波段选择或加权的能力。Zhao 等提出了一种基于注意力驱动机制的新型即插即用紧凑波段加权模块,该模块根据不同波段对给定分类任务的贡献对其进行评估。

混合注意力机制表现出获得有价值特征的良好特性,即局部和非局部注意力、空间注意力、通道注意力和跨尺度注意力。由于基于 softmax 的 CNN 模型提取的嵌入特征的类内距离可能大于类间距离,难以进一步提高分类精度,Xi 等提出了一种混合残差注意力的深度原型网络,可以有效地研究高光谱影像中的光谱-空间信息。为了对短期到长期的空间依赖性进行编码,以预测像素级的标签,而不会在特征水平上产生额外的冗余,Pande 和

Banerjee 提出了一种基于混合注意力的 3D 高光谱影像分类模型。该模型由一维和二维 CNN 组成,分别生成注意力掩模,以突出输入影像的光谱和空间特征。

中心注意力是人们可能注意到或注视到特定区域的注意力中心或中心像素。面对相邻地表覆被边界上的像元存在错分类问题的挑战,受干扰相邻像元的类别可能与目标像元不同,Zhao 等提出了一个中心注意力网络,可以在样本的中心像素周围产生更多相关和有区别的特征,用于高光谱影像分类。

8.2.6　轻量级注意力

面对可能需要在不影响其性能的情况下减小模型大小的特定应用,并获得运行在移动平台上的所谓轻量级模型版本。对此,Hu 等提出了一种用于高光谱影像分类的轻量级张量注意力驱动卷积——长短时记忆力神经网络。具体来说,他们开发了基于张量队列分解的 LSTM 单元的轻量级 2D 版本。Cui 等考虑到 MobileNetV3 是一种轻量级的特征提取器,提出了一种基于 MobileNetV3 的模型,以减少大量冗余计算的问题,并设计了一个更简洁且高效的空间注意力模块,同时应用多类焦点损来解决不同样本的分类难度不同的问题。

8.2　*t*-SNE 流形学习与降维

高维数据,例如高光谱影像(HSI),很难确定其不同类别样本间是否具有良好的分离性。目前,*t*-SNE 被视为高维数据最有效降维和可视化方法之一。*t*-SNE 本质上是一种嵌入式模型,可以将数据从高维空间映射到低维空间,并保留数据集的局部特征。

给定高维 HSI 矩阵 $X=[x_1,x_2,\cdots,x_N]\in R^{C\times N}$,包含尺寸为 C 的 N 个光谱向量(也即 X 的列向量,其中 $N=h\times w$。这里,h 是高度,w 表示宽度)。*t*-SNE 算法转换 X 为低维矩阵 $Y=[y_1,y_2,\cdots,y_N]\in R^{D\times N}$,$C$ 表示波段数,D 表示分量(或主成分)的数量,两者都受不等式 $D<C$ 的约束。这里,定义两种条件概率分布:

$$P(x_i|x_j)=\frac{S(x_i,x_j)}{\sum_{k\neq i}^{N}S(x_i,x_k)} \tag{8-1}$$

$$Q(y_i|y_j)=\frac{S(y_i,y_j)}{\sum_{k\neq i}^{N}S(y_i,y_k)} \tag{8-2}$$

其中,$S(\cdot)$ 表示计算样本像素的两个向量之间的欧氏距离。为了满足条件概率的分布 P 和 Q 对所有样本像素尽可能地相等,公式(8-3)中的库贝-莱布勒(Kullback-Leibler,KL)散度需要尽可能小。

$$KL=\sum_i\sum_j P(x_i,x_j)\log\frac{P(x_i|x_j)}{Q(y_i|y_j)} \tag{8-3}$$

t-SNE 算法通过计算原始空间与嵌入空间的联合条件概率之间的 KL 散度的最小值来获得最优降维值。非线性降维算法 t-SNE 通过基于具有多特征的数据点的相似性来识别数据结构,重点关注数据的局部结构。实际上,为了加快计算速度,通常使用"Barnes-Hut"版 t-SNE 而非传统的 t-SNE 方法,并且降维后的主成分数设置为 3。尽管 Barnes-Hut t-SNE 对传统 t-SNE 在速度上做了优化,我们采用了 GPU 加速的方法进一步优化 t-SNE 流形学习过程的效率,并将降维结果写入到存储介质以避免重复运算,导致的高昂计算代价。

直观地说,经过 t-SNE 变换后,所得到的数据成分分量在低维空间中会变成可分离的。t-SNE 将数据点之间的亲和度转化为条件概率,并将原始空间中数据点的相似性用高斯联合分布表示。换句话说,将 KL 散度函数作为损失函数,通过随机梯度下降(stochastic gradient descent,SGD)算法进一步最小化,直到达到最终收敛。

8.3 图注意力原理

考虑到图注意力网络能够有效地处理图结构的高光谱数据,利用隐藏的自注意层来克服以往基于图卷积或其近似框架的已知缺点。本研究提出了一种结合 t-SNE 流形学习、局部谱域滤波和图注意力网络(GAT)的高光谱影像分类方法。就如何集成 t-SNE 流形学习与图注意力网络分类方法,本研究的主要内容包括:(1)引入了一种基于图注意力的神经网络体系架构,对图结构化的高光谱数据进行节点分类。(2)利用基于 t-SNE 流形学习的特征约简来获取基于图块的特征立方体,并构建局部的图邻接矩阵,然后采用标准的监督学习策略来适应所提出的基于图的学习模型。特别是,利用图注意力层学习图的空间局部图表示,并表示图节点的局部拓扑模式。

8.3.1 图注意力机制

图注意力网络(graph attention network,GAT)引入了一种基于注意力的架构来对图结构化数据进行节点分类,其主要思想是计算图中每个节点的隐藏表示,通过遵循自我注意力策略来关注节点的邻居。图自注意力神经架构有几个典型的特点:(1)因为可以在节点对之间并行,所以操作高效;(2)可以通过指定邻居的任意权重来应用于具有不同度的图节点;(3)模型直接适用于归纳学习问题,包括模型可推广到完全看不见的图的任务。通过学习每个节点对分类节点的重要性权重,图注意力机制使重要的节点具有更大的权重,因此可以通过注意力机制从图中学习全局和上下文信息。

为了更好地提取全局信息和上下文信息,通过在网络中添加图注意力机制,使重要的节点信息具有更大的权重。图注意力机制可以通过计算图中任意两个节点之间的关系来得到全局几何特征。为了得到输入和输出之间的对应变换,需要根据输入特征,进行至少一次线性变换得到输出特征。具体地,训练所有节点 $\mathbf{W} \in \mathbb{R}^{F' \times F}$ 得到权值矩阵,即输入特征

F 与输出特征 *F'* 的关系, *W* 是 HSI 数据降维和特征提取的滤波矩阵。因为只在每个节点的输入通道之间执行,并且通过改变矩阵的大小可以很容易地控制新特征的维数。这里,节点到节点的相关性可以通过以下网络层来学习:

$$e_{ij} = \text{LeakyReLU}(\boldsymbol{\omega}^{\text{T}}[\boldsymbol{W}\boldsymbol{h}_i \| \boldsymbol{W}\boldsymbol{h}_j]) \tag{8-4}$$

公式(8-4)显示了节点 *j* 对节点 *i* 的重要性, $\boldsymbol{\omega}^{\text{T}} \in \mathbb{R}^{2F}$ 是网络的参数向量, ‖ 表示连接操作,LeakyReLU(·)是一个非线性层。作为人工定义的邻接矩阵的替代,网络通过 *ω* 乘以联结特征,从而选择更具有判别力的特征,并作为邻节点之间的综合度量。然后,通过一个 softmax 函数进行归一化,并转换 e_{ij} 为一个概率输出 a_{ij}:

$$a_{ij} = \frac{\exp(\text{LeakyReLU}(\boldsymbol{a}^{\text{T}}[\boldsymbol{W}\boldsymbol{h}_i \| \boldsymbol{W}\boldsymbol{h}_j]))}{\sum_{k \in N_i} \exp(\text{LeakyReLU}(\boldsymbol{a}^{\text{T}}[\boldsymbol{W}\boldsymbol{h}_i \| \boldsymbol{W}\boldsymbol{h}_j]))} \tag{8-5}$$

因此,每个节点的图卷积输出 h_i^l,可以表示如下:

$$\boldsymbol{h}_i^l = \sigma\left(\sum_{j \in N_i} a_{ij} \cdot \boldsymbol{W}^{\text{T}}\boldsymbol{h}_i^{l-1}\right) \tag{8-6}$$

其中, *σ* 表示激活函数, N_i 为节点 i 邻节点集的大小, a_{ij} 为学习到的注意力权重。注意力系数 α_{ij} 仅根据局部邻域动态生成,并根据邻域的重要性重新排列邻居,这使得模型对特定的输入样本更加灵活。因此,一些重要的邻居将在后续计算中得到强调。

8.3.2 谱图滤波

基于具有快速局部谱滤波的图上卷积神经网络(graph-based CNN)在自然语言处理(natural language processing,NLP)上研究的成功。本研究将其应用到高光谱影像分类任务,设计了轻量级的浅层图神经网络(仅包含两个图运算层),并取得相对于其他复杂图神经网络更具竞争力的分类性能。

通过局部谱滤波实现的图神经网络,是一个具有线性复杂度的模型。其核心思想是改进图权重矩阵的构建过程,构建与图块等尺寸的邻接矩阵。具体地,其算法流程如表4所示,也即实现了邻接矩阵的局部化。然后,将其与高光谱图块数据共同作为图神经网络的联合输入,进一步拟合不同的图深度学习模型,最终获得最佳的图网络权重,从而取得最优的分类性能。

表 8-1　局部谱图滤波算法

输入	高光谱立方体 $\boldsymbol{X} \in \mathbb{R}^{h \times w \times b}$,样本标签 $\boldsymbol{y} \in \mathbb{R}^{h \times w}$,邻节点个数 k,图块长 l
步骤 1	根据图块长 l,计算图块尺寸 $s=2l+1$
步骤 2	根据图块尺寸 s 和邻节点数 k;首先,使用图块尺寸 s 作为两个等元素个数的坐标向量 $s \in \{0, 1\}$,来构建格网采样坐标矩阵 $\boldsymbol{M} \in \mathbb{R}^{s^2 \times 2}$;然后,返回等距节点组成的方形网格形式的 2D 坐标矩阵
步骤 3	根据高光谱立方体 $\boldsymbol{X} \in \mathbb{R}^{h \times w \times b}$,采用最邻近(k-nearest neighbor,k-NN)算法构建与图块等尺寸的邻接矩阵;也即,根据距离公式,对应坐标矩阵 $\boldsymbol{M}$,计算每个样本的 k 近邻加权图矩阵 $\boldsymbol{A}$(也即 k-NN 图)
输出	邻接矩阵 $\boldsymbol{A}$

8.3.3　图注意力网络

本研究所提出的基于谱图滤波图注意力网络(GAT)的分类模型,如图 8-2 所示。基于谱图滤波图注意力分类的主要思想是通过谱图滤波器对空间-光谱域上的图信号进行精化,优化图节点。该谱图滤波依赖于由两个图注意力层、一个丢弃层、一个展平层和两个全连接层组成的简单图注意力网络实现。

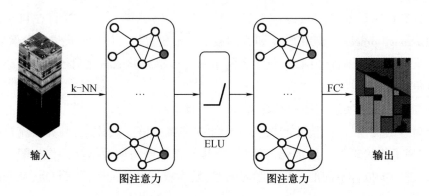

图 8-2　图注意力网络(GAT)的分类模型

考虑到高光谱影像分类的复杂光谱属性和空间域的同质性,除了图构造中的空谱测量外,空间特征与光谱信息结合也作为注意力机制的重要因素。在进行图卷积时,可以通过多层传播规则,将一组更高阶邻居的特征累积到当前节点上,并在此过程中利用表示局部图结构和单个节点特征的固有拓扑信息。在执行完全连接层之后,最终得到了基于图的整个场景输出 $\boldsymbol{Z} \in \mathbb{R}^{N \times M}$,只有标注的节点参与交叉熵损失的监督回归估计。

$$L = -\sum_{s \in y_{\text{labeled}}} \sum_{m=1}^{M} \boldsymbol{y}_{sm} \ln \boldsymbol{Z}_{sm} \tag{8-7}$$

其中,$\boldsymbol{y}_{sm}$ 为训练数据的真实标签,M 是对象类的数量。基于图的直推学习方法有一个特殊性,即对标注样本和未标注样本的预测同时迭代,直到达到稳定状态,因此不需要额外的测试过程。此外,在参数 **W** 和 **ω** 优化过程中,采用了随机梯度下降(stochastic gradient descent,SGD)算法。

8.4 实验与讨论

8.4.1 实验数据集

本实验采用 3 个不同空间分辨率的真实高光谱数据集,如图 8-3 和表 8-2 所示。印度松树-A(Indian Pines-A,IA)和帕维亚大学(Pavia University,PU)和的数据集可以通过公开的在线访问(http:// www. ehu. eus/ ccwintco/ index. php? title = Hyperspectral_ Remote_ Sensing_ Scenes)下载,具体介绍参考 Pu 等发表的论文。黄河口(Huanghekou,HH)数据集来自于由 Jiao 等年发表的论文。不同的数据集采用 20 种定性化的颜色映射"tab20"(https:// matplotlib. org/ stable/ tutorials/ colors/ colormaps. html),外加红绿蓝(red,green,blue)三色,构成 23 种颜色分布,并采用白色作为非真实参考样本的表示颜色。

IA 和 PU 数据集具体的说明和介绍,本文在此不再赘述,可以参考相应的网址和已出版的参考文献。HH 数据集样本类别包括 21 个类,主要的地表材质类型包括水体、草地、林地、建筑物、裸地等,和传统意义上的地表覆盖或土地利用类型有所差异。因此地表覆盖的类型关系到地表材质光谱、空间纹理和上下文语义信息,对于高光谱数据而言通常需要突出光谱差异对于高光谱影像分类的重要性。具体地,采用了 GF5_AHSI 传感器,空间分辨率为 30m,光谱范围涵盖 VNIR(可见光与近红外)0.390 ~ 1.029 和 SWIR(短波红外)1.005 ~ 2.513。原始波段数量分布 VNIR(可见光与近红外,剔除 1 号波段)150 个波段和 SWIR(短波红外,剔除 42~53、96~115、119~121、172~173,175~180 号等波段)180 个波段,总计 330 个波段,除去已剔除的波段剩余 285 个波段。数据集影像范围大小为 1185 行 1342 列,成像时间为 2018 年 11 月 01 日。光谱分辨率为 VNIR(可见光与近红外)5 nm 和 SWIR(短波红外)10 nm。

（a-1）IA 伪彩色图像

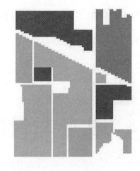

（a-2）IA 地面真实参考

C0	非真值
C1	免耕玉米
C2	草木
C3	免耕大豆
C4	少耕大豆

（a-3）IA 图例

(a)印度松树-A（Indian Pines，IA）

（b-1）PU 伪彩色图像

（b-2）PU 地面真实参考

C0	非参考
C1	柏油马路
C2	草地
C3	沙砾
C4	树木
C5	金属板
C6	裸土
C7	沥青屋顶
C8	地砖
C9	阴影

（b）-3）PU 图例

(b)帕维亚大学（Pavia University，PU）

C0	非参考
C1	鱼塘
C2	深海
C3	槐树
C4	水田
C5	建筑
C6	高粱
C7	玉米
C8	旱地
C9	大米草
C10	浅海
C11	滩涂
C12	黄河
C13	碱蓬草
C14	芦苇
C15	盐沼
C16	潮间带盐水
C17	怪柳
C18	坑塘
C19	河漫滩
C20	浅水植被沼泽
C21	水生植被

（c-1）HH 伪彩色图像

（c-2）HH 地面真实参考

（c-3）HH 图例

(c)黄河口（Huanghekou，HH）数据集

图8-3　实验数据集

如表 8-2 所示,选择以上三个数据集的原因,总结如下:(1)IA 数据集类别个数较少,只有 4 个地物类别,而且各类别可分离性好,主要地物类别均属于植被,地表场景构成简单,相比于 SA 数据集,不容易出现精度饱和的情况,适宜于测试轻量级深度网络模型;(2)PU 数据集采集于城市地区,属于地表覆盖较复杂的情况,具有 9 个地物类别,地物材质类型差异较大,不同类别存在强烈的地势起伏差,适宜于测试较复杂图深度学习模型的健壮性。(3)HH 数据集主要特点是数据集波段数多,覆盖范围大,地物类别个数达 21 个,而且存在类别样本数不均衡的情况,数据处理需要很大的计算开销,适合于测试计算平台的可承受力和进行面向大数据应用的高光谱数据优化实验。值得注意的是,上述数据集除 IA 数据集,PU 和 HH 数据集的类别可分离性相对较弱,依赖于高光谱数据精细的地物材质识别能力,采用深度学习算法,依然能取得较为理想的分类结果。

8.5.2 环境、参数和训练

实验采用了建立在微软 Azure 云上的行星计算机(planetary computer)平台。行星计算机中心是一个开发环境,可以通过熟悉的开源工具访问其数据资源和应用程序接口(application programming interface,API),并允许用户使用 Azure 计算的能力轻松地扩展实验分析过程。就单个行星计算机账户而言,配备了 4 核 CPU,28 GB 内存,T4 GPU(Nvidia Tesla T4 GPUs,16 GB 显存)。每个账户相当于拥有一个独立的虚拟机。这些虚拟机非常适合部署人工智能(artificial intelligence,AI)服务,比如实时响应用户生成的请求,或者使用 NVIDIA 的 GRID 驱动程序和虚拟 GPU 技术进行交互式图形学和可视化工作负载。

针对高光谱影像分类,现有的训练样本采用分层等比法定义训练集(每个类别按比例抽样一定数量的样本,可能存在样本不均衡的问题),或是采用每个类别固定大小的样本数量(每个类别具有等数量的训练样本);然后,同样的方式设计验证集,使其与训练集同大小;最后,从所有标注样本中除去训练集和验证集,剩余的所有样本则作为测试集。本研究采用每个类别固定样本数量的方法,也即每个类别选取 35 个样本,避免了样本不均衡的问题,但是不可避免地会降低最终的分类精度。因为无论是机器学习还是深度学习算法,训练样本的规模与模型的泛化能力往往成正比例关系,但是采用少样本或有限样本,越来越成为高光谱影像分类算法的主流趋势。

深度模型的设计与训练,主要取决于可调参数(控制参数)的调优和超参数的迭代优化。最具有代表性的就是训练过程中训练和验证的精度与损失,可以体现模型的健壮性,比如是否最终收敛,收敛是否平滑,收敛所需的代数等等。现有研究表明,精度和损失曲线的局部"毛刺"现象并不会影响模型具有代表性的分类性能,甚至在不能有效收敛的情况下,依然能取得有效的分类结果。因此,本研究给出了 HH 数据集上图卷积网络(GCN)和图注意力网络(GAT)200 代训练和验证过程中的精度和损失曲线。

表 8-2 高光谱影像（HSI）数据集及不同类别的样本数量统计

颜色	Indian Pines-A(IA)	样本数(IA)	Pavia University(PU)	样本数(PU)	Huanghekou(HH)	样本数(HH)
C0	Not-groundtruth	1 534	Not-groundtruth	164 624	Not-groundtruth	1 583 799
C1	Corn-notill	1 005	Asphalt	6 631	Aquaculture	393
C2	Grass-trees	730	Meadows	18 649	Deep Sea	796
C3	Soybean-notill	741	Gravel	2 099	Locust	110
C4	Soybean-mintill	1 924	Trees	3 064	Rice	190
C5	Total(86×69×200)	5 934	Painted metal sheets	1 345	Buildings	83
C6			Bare Soil	5 029	Broomcorn	96
C7			Bitumen	1 330	Maize	95
C8			Self-Blocking Bricks	3 682	Soybean	211
C9			Shadows	947	Spartina	200
C10			Total(610×340×103)	207 400	Shallow sea	936
C11					Mudflat	553
C12					River	469
C13					Suaeda Salsa	361
C14					Reed	240
C15					Salt Marshes	595
C16					Intertidal Saltwater Marshes	454
C17					Tamarix Chinensis	133
C18					Pond	377
C19					Flood Plain	68
C20					Freshwater Herbaceous Marshes	72
C21					Emergent Vegetation	39
C22					Total(1 185×1 342×285)	1 590 270

通过观察图8-4,可以发现(GCN-HH-PCA$_3$表示在 HH 数据集上采用 GCN 模型,采用 PCA 降维的选取第 3 次执行结果对应的训练和验证精度与损失曲线;GCN-HH-t-SNE$_5$表示采用 t-SNE 降维的方法则选取第 5 次执行结果对应的训练和验证精度与损失曲线。对于 5 次随机采样执行,以上选取的第 3 次、第 5 次分别对应 5 次随机执行中的最佳分类性能对应的训练和验证精度与损失记录),无论 GCN 还是 GAT 模型都具有比较良好的收敛特性,但是值得注意的是,对于 IA 和 PU 数据集则其验证过程的精度和损失曲线并不理想。一方面说明无论模型训练还是分类精度都受到样本质量、数据集复杂度和参数设置的不同程度的影响。

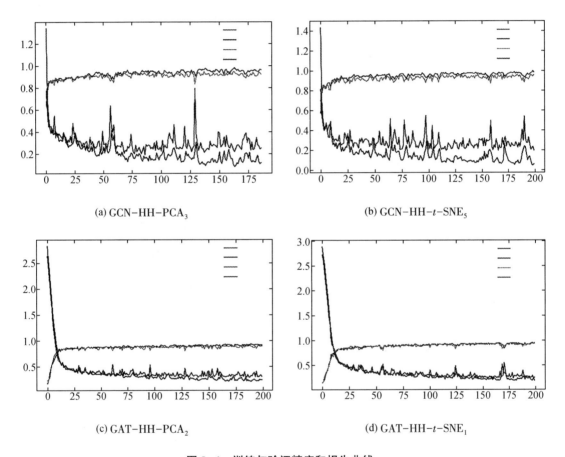

(a) GCN-HH-PCA$_3$

(b) GCN-HH-t-SNE$_5$

(c) GAT-HH-PCA$_2$

(d) GAT-HH-t-SNE$_1$

图 8-4　训练与验证精度和损失曲线

8.5.3　t-SNE 与 PCA 比较

机器学习在处理高维数据的同时还需要参数调优,使得训练过程极其缓慢和精度难以保证,也称为维度灾难。因此需要寻找好的解决途径实现数据或特征约简,而数据降维就是将特征数量减少到最相关特征的过程,可以有效地提高机器学习的效率和克服维数灾难的问题。PCA(主成分分析)旨在通过识别最接近数据的超平面(hyperplane),然后在超平面上投影数据,同时保留数据集中的最大方差。

  t-分布随机邻居嵌入(t-SNE),2008年由Laurens van der Maaten和Geoffrey Hinton创建,可用于数据降维,特别适合于高维数据集的可视化。t-SNE可将一个高维数据集减少到一个低维图,并尽可能地保留大量原始信息。通过给每个数据点一个二维或三维地图中的位置来做到这一点。t-SNE技术在数据中找到聚簇,从而确保嵌入保留数据中的含义,因此t-SNE能在试图保持相似实例接近和不同实例远离的同时减少了维数。

  本研究将PCA降维拓展到t-SNE降维,体现t-SNE作为一种先进的降维与可视化方法的优异特性。PCA与t-SNE(或其他流形学习方法)的区别在于,t-SNE流形学习可以在高维数据中解卷积邻居之间的关系。

  如图8-5所示,本研究将IA数据集上的PCA和t-SNE降维为3个主成分的结果进行对比。明显地,采用t-SNE降维学习重构得到的数据主成分在特征空间具有更好的可分离性。良好的类别和特征可分离性对于提高分类器的性能具有非常显著的作用。不可忽视的是,减少数据或特征维度的同时会丢失一部分消息,但是也可以用来滤除一部分随机噪声。

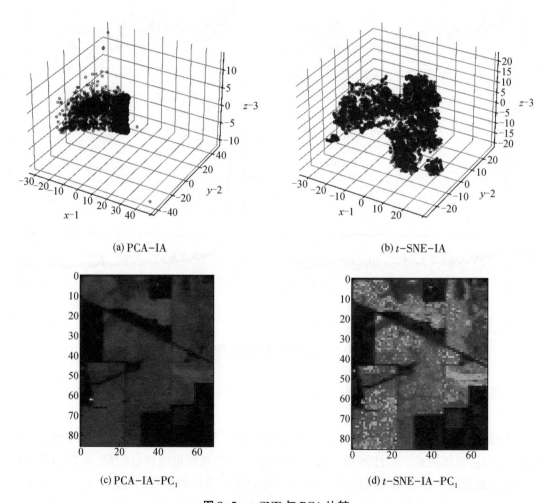

(a) PCA–IA   (b) t–SNE–IA

(c) PCA–IA–PC$_1$ (d) t–SNE–IA–PC$_1$

图8-5 t-SNE与PCA比较

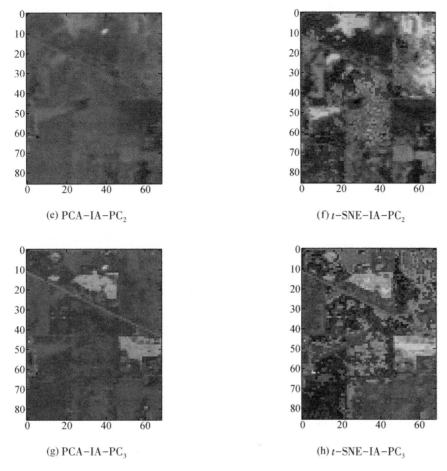

(e) PCA-IA-PC$_2$ (f) *t*-SNE-IA-PC$_2$

(g) PCA-IA-PC$_3$ (h) *t*-SNE-IA-PC$_3$

图 8-5(续)

就本实验而言,三维的可视化表明 *t*-SNE 对于增强数据或特征的可分离性的确有效,但是不同成分的方差比不存在明显的数学逻辑关系。同时,实验也表明对于具有良好分离性的数据集,*t*-SNE 所产生的功效,或对分类性能的提升,则并非十分有效。

虽然 *t*-SNE 在数据降维和可视化方面表现出优异的特性,但是计算复杂度太高,运算速度太慢,使其不适合于大规模计算或者大数据处理。另外,*t*-SNE 的结果也存在一定的随机性,而不是像 PCA,结果一致性很好,这就对科学实验强调的可重复性提出了挑战。

具体地,对于 IA 数据集,采用 PCA 降维,数据变换的时间开销为 0.0473s,但是执行 *t*-SNE 变换则需要 69.494 0s 的计算代价。PCA 变换主要是根据方差比确定主成分,比如降维为 3 个主成分,所获得的解释性方差比(explained variance ratio)为 [0.66,0.21,0.03],*t*-SNE 流形降维的最大优点在于可以在特征空间增强训练数据的可分离性,计算得到 KL 散度 1.0037。

8.5.4 分类结果与精度

本节对两种模型 GCN 模型和 GAT 模型,三种数据集 IA 数据集、PU 数据集和 HH 数据集,两种特征降维算法 PCA 算法和 t-SNE 算法进行定性和定量的比较。分类结果主要采用单一属性的遥感栅格制图,而分类精度主要采用 Kappa 系数(Kappa index, K)、总体精度(overall accuracy, OA)和平均精度(average accuracy, AA)精度指标。已有研究表明,深度学习相比于机器学习的算法总体上克服了出现"椒盐"碎图斑的现象。但是由于数据集的设计和制作并不是最佳的情况,因此很多情况下要么样本数量少、分布稀疏(单个或多个像素标注或几何图形单元标注方式),要么地面参考样本的标注区域(区域标注方式)存在一定的抽象概括处理,也即在类别边界和类别内部可能存在大于像素级的错标注或样本污染的情况。在上述情况下,不可避免地会对图深度模型的可靠性造成不利的影响。

如图 8-6 所示,$GCN-IA-PCA_3$ 表示在 IA 数据集上采用 GCN 模型,采用 PCA 降维的选取第 3 次执行结果对应的训练和验证精度与损失曲线;$GCN-IA-t-SNE_2$ 为采用 t-SNE 降维的方法则选取第 2 次执行结果对应的训练和验证精度与损失曲线。对于 5 次随机采样执行,以上选取的第 3 次、第 2 次分别对应 5 次随机执行中的最佳分类性能对应的训练和验证精度与损失记录。观察图 23(a)$GCN-IA-PCA_3$、$GCN-IA-t-SNE_2$ 实验和图 23(b)GAT-IA-PCA_5、GAT-IA-$t-SNE_1$ 实验,主要的错分类同样出现在类 1(corn-notill)和类 3(soybean-notill),类 1(corn-notill)和类 4(soybean-mintill)之间,以及类 3(soybean-notill)和类 4(soybean-mintill)之间。类 2(grass-trees)与其他类别保持有良好的可分离性,同时类内差异较小。

通过观察图 8-6(c)$GCN-PU-PCA_3$、$GCN-PU-t-SNE_1$ 实验和图 8-6(d)GAT-PU-PCA_3、GAT-PU-$t-SNE_2$ 实验,主要的错分类出现在类 1(asphalt)和类 3(gravel),类 1(asphalt)和类 7(bitumen),类 1(asphalt)和类 8(self-blocking bricks),类 2(meadows)和类 6(bare soil),类 3(gravel)和类 1(asphalt),类 3(gravel)和类 8,类 4(trees)和类 2(meadows),类 4(trees)和类 9(shadows)。类 5(painted metal sheets)与其他类别保持有良好的可分离性,同时类内差异较小。

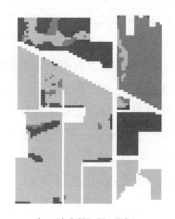 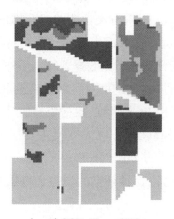 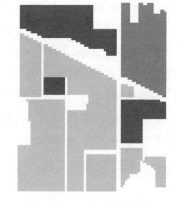

(a-1)$GCN-IA-PCA_3$ (a-2)$GCN-IA-t-SNE_2$ (a-3)IA-真实参考图

图 8-6 分类结果

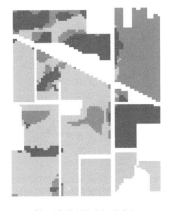

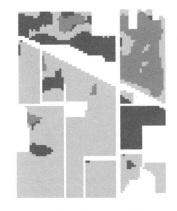

C0　　非真值

C1　　免耕玉米

C2　　草木

C3　　免耕大豆

C4　　少耕大豆

（b-1）GAT-IA-PCA$_5$　　　　　（b-2）GAT-IA-t-SNE$_1$　　　　　（b-3）IA-图例

（c-1）GCN-PU-PCA$_3$　　　　　（c-2）GCN-t-SNE$_1$　　　　　（c-3）PU-真实参考图

C0　　非参考

C1　　柏油马路

C2　　草地

C3　　沙砾

C4　　树木

C5　　金属板

C6　　裸土

C7　　沥青屋顶

C8　　地砖

C9　　阴影

（d-1）GAT-PU-PCA$_3$　　　　　（d-2）GAT-PU-t-SNE$_2$　　　　　（d-3）PU-图例

图 8-6（续）

C0	非参考
C1	鱼塘
C2	深海
C3	槐树
C4	水田
C5	建筑
C6	高粱
C7	玉米
C8	旱地
C9	大米草
C10	浅海
C11	滩涂
C12	黄河
C13	碱蓬草
C14	芦苇
C15	盐沼
C16	潮间带盐水
C17	怪柳
C18	坑塘
C19	河漫滩
C20	浅水植被沼泽
C21	水生植被

(e-1) GCN-HH-PCA$_3$

(e-2) GCN-HH-t-SNE$_5$

(e-3) HH-图例

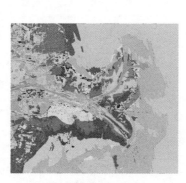

(f-1) GAT-HH-PCA$_2$

(f-2) GAT-HH-t-SNE$_1$

(f-3) HH-图例

图 8-6(续)

观察图 8-6(e) GCN-HH-PCA$_3$、GCN-HH-t-SNE$_5$ 实验和图 8-6(f) GAT-HH-PCA$_2$、GAT-HH-t-SNE$_1$ 实验，主要的错分类出现在类 1 (aquaculture) 和类 18 (pond)，类 5 (buildings) 和类 11 (mudflat)，类 7 (maize) 和类 13 (suaeda salsa)，类 10 (shallow sea) 和类 18 (pond)，类 14 (reed) 和 19 类 (flood plain)。类 2-4 (deep sea、locust、rice)、6 (broomcorn)、8-9 (soybean、spartina)、12 (river)、15 - 17 (salt marshes、intertidal saltwater marshes、tamarix chinensis)、20—21(freshwater herbaceous marshes、emergent vegetation)与其他类别保持有良好的可分离性,同时类内差异性较小。究其原因,一方面在于标注时可能存在一定的脏标签问题,另一方面就是类别的定义没有考虑材质差异或者类别间的边界可能存在空间边缘上的综合概括处理,以上两方面的原因可能导致类别间可分离性降低。除以上原因,由于部分类别的定义严格意义上讲存在混合类别的情况,或者类内差异性较大会某种程度上导致出现错分类的情况。此外,分类图可能间接地反映了传感器成像过程中的数据噪声,表现为近海区域存在一定的斜向拉花现象。

由表8-3可知(行标题表示模型和数据集,列标题表示降维算法和精度指标),基于t-SNE数据降维后的特征数据在图神经网络特征学习和标签预测上具有更优异的性能,究其原因在于t-SNE算法可以有效地提高样本数据在特征空间的可分离性。一方面,针对同一数据集,图卷积网络(GCN)总体上略优于图注意力网络(GAT),这种优异性可能在深度学习算法中并非绝对现象,也受到参数的设置和模型结构变化的影响。同时,对于具有不同类别个数、类别可分离性、场景复杂度的数据集,其最终的分类精度也存在一定的不确定性。就目前研究而言,对于35个有限的训练样本,能够在简单或没有复杂技巧的图神经网络上实现这样的分类精度,仍然是可以接受的。

表8-3　分类精度

算法-数据/降维-精度	PCA—K	PCA—OA	PCA—AA	t-SNE—K	t-SNE—OA	t-SNE—AA
GCN-IA	0.814 9± 0.012 4	0.871 5± 0.008 2	0.869 9± 0.012 8	0.757 0± 0.017 3	0.830 9± 0.014 3	0.827 0± 0.006 8
GAT-IA	0.724 2± 0.013 7	0.810 2± 0.008 1	0.795 1± 0.025 3	0.734 6± 0.024 1	0.817 1± 0.016 5	0.807 3± 0.014 8
GCN-PU	0.742 5± 0.018 8	0.811 7± 0.012 8	0.725 7± 0.036 2	0.743 1± 0.007 5	0.811 7± 0.005 2	0.740 2± 0.010 5
GAT-PU	0.718 6± 0.016 2	0.795 3± 0.011 2	0.688 9± 0.020 5	0.736 1± 0.013 4	0.804 4± 0.013 7	0.744 7± 0.016 4
GCN-HH	0.923 8± 0.009 1	0.929 8± 0.008 4	0.861 4± 0.016 9	0.940 0± 0.015 2	0.944 8± 0.014 0	0.900 4± 0.018 9
GAT-HH	0.878 1± 0.014 0	0.887 5± 0.013 0	0.824 1± 0.026 1	0.928 7± 0.007 4	0.934 3± 0.006 8	0.875 1± 0.015 6

8.5.5　最大预测概率图

现有高光谱影像分类结果分析很少考虑对深度学习分类模型或机器学习分类器和逻辑回归得到的预测概率进行空间上的统计分析,以观测其分类结果的空间概率密度,甚至观察和分析存在的弱预测现象。弱预测现象体现在,最大预测概率并非远大于属于其他类别的预测概率,而是属于多个类别的概率接近或统计上略大,通常出现在非地面真实参考数据覆盖(未经模型训练的数据空间)或是不同类别边缘或存在脏标签(标签污染)的情况。通过观测最大预测概率的空间强度分布(通常采用热力图或单色彩梯度图),可以有效分析模型或分类器对于不同类别或空间场景范围内的性能差异及实现分类结果不确定性的统计建模与分析。

通过观察图 8-7 可知,对于三种不同复杂度和场景范围的高光谱实验数据集,相比于图神经网络(GCN)、图注意力网络(GAT)在类别边缘位置、类别内部存在相对清晰可辨的弱预测现象。通过比较 PCA 无监督统计学习和 t-SNE 流形学习,经过 t-SNE 流形学习后图神经网络的拟合和推理结果(最大预测概率)表现出对于类别边界良好的感知特性。两种图神经网络因为同为包含两个处理层(也即,两个图卷积层或图注意力层)的浅层神经网络,除了网络参数量上的微小差异,两者在性能和概率预测方面表现出相当的性能表征。无论采用何种数据集对比两种降维算法,除了 t-SNE 算法在对类别可分离性上的贡献,就预测结果存在的不确定性而言,没有特别的差异。

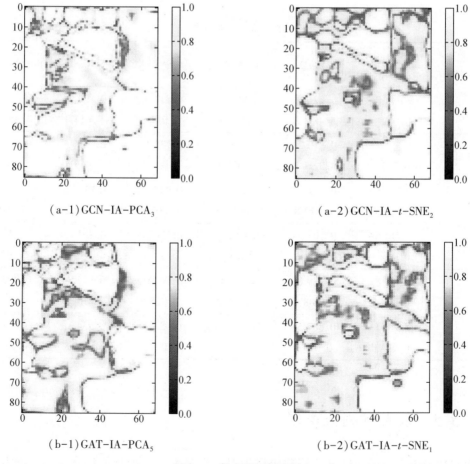

$(a\text{-}1)$ GCN-IA-PCA$_3$ $(a\text{-}2)$ GCN-IA-t-SNE$_2$

$(b\text{-}1)$ GAT-IA-PCA$_5$ $(b\text{-}2)$ GAT-IA-t-SNE$_1$

图 8-7　最大预测概率图

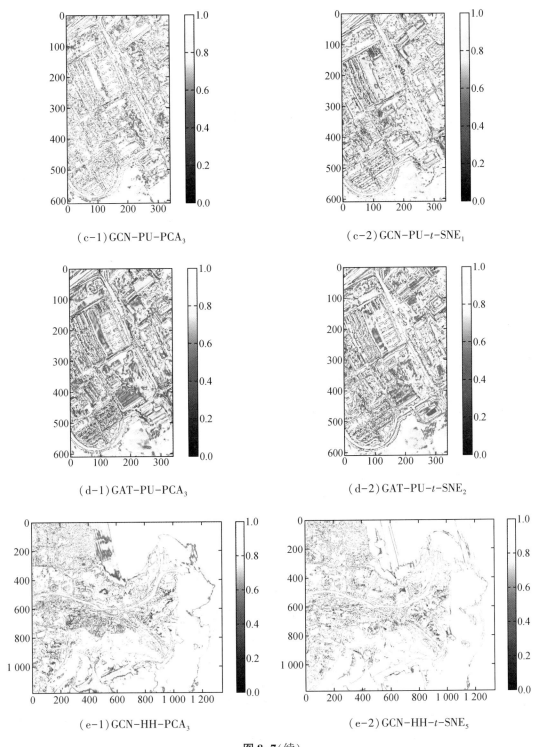

（c-1）GCN-PU-PCA$_3$

（c-2）GCN-PU-*t*-SNE$_1$

（d-1）GAT-PU-PCA$_3$

（d-2）GAT-PU-*t*-SNE$_2$

（e-1）GCN-HH-PCA$_3$

（e-2）GCN-HH-*t*-SNE$_5$

图 **8-7**（续）

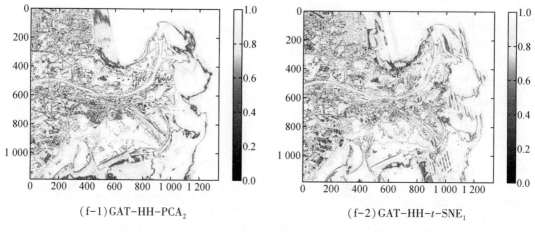

(f-1)GAT-HH-PCA$_2$　　　　　　　　(f-2)GAT-HH-t-SNE$_1$

图 8-7(续)

8.5.6　运行时间

传统的机器学习算法,对于算法效率的讨论多关注于其算法执行的时间复杂度,比如重复的线性代数计算、统计循环或嵌套循环计算执行的个数,从而得出算法的复杂度,同时辅以执行时间的统计。对于深度学习算法而言,不考虑其物理上的空间复杂性,其算法时间复杂度的计算越来越复杂,算法执行结果的不确定性也越来越突出,多数研究仍采用算法的训练和预测时间作为深度学习模型计算复杂度的性能指标,很容易受到当前执行环境的影响。

由表 8-4 可知,行标题表示图神经网络+数据集,列标题表示降维方法+训练或测试过程。由于本研究采用每个类别固定数量(也即 35 个)的训练样本,总训练样本数量取决于类别个数的多少,不同的降维方法因为仅输出指定数量(也即 3 个)的主成分个数,所以两种不同的图神经网络在训练和预测阶段的执行时间成基本倍比关系。由于图自注意力网络(GAT)相较于图神经网络(GCN)增加了一个与网络参数量有关的参数,并且随着图注意力运算图层的增加,其核心图处理层的网络参数量呈几何倍数式增加,因此不可避免地增加了图注意力网络的训练时间和预测时间。因为图注意力图层,本质上是为了克服图卷积层内在缺点而开发出的具有自注意力特性的图处理运算层,能有效地关注相邻节点,可使重要的邻节点具有更大的权重,从而有助于从图数据中学习全局和上下文信息。

表 8-4　运行时间

算法-数据集/ 降维-运行时间(s)	PCA-TRN	PCA-TST	t-SNE-TRN	t-SNE-TST
GCN-IA	16.6	0.6	15.7	0.7
GAT-IA	41.2	0.9	40.7	0.9
GCN-PU	24.1	6.1	25.6	6.8

表 8-4(续)

算法-数据集/降维-运行时间(s)	PCA-TRN	PCA-TST	*t*-SNE-TRN	*t*-SNE-TST
GAT-PU	65.4	8.9	65.3	8.8
GCN-HH	64.8	0.7	66.9	0.7
GAT-HH	129.7	1.1	130.9	1.1

8.5.7 讨论与总结

近年来,图深度学习模型越来越被广泛应用于 HSI 分类,并因其较强的表达能力而受到越来越多的关注。特别是,新兴的图表示学习(graph representation learning,GRL)和图神经网络(graph neural network,GNN)在处理和解析图结构数据方面表现出良好的效果。在本研究中,我们不仅回顾了最近发表的基于图注意力机制的 HSI 智能分类方法,而且提出了一种新的基于图注意力机制的谱图滤波图神经网络方法。

现有实验表明,GAT 具有动态计算邻居权重的优点,且计算权重不依赖于结构信息,非常适用于归纳学习。总之,随着高光谱影像图智能算法的涌现,以图注意力网络为代表的图深度学习,在刻画类别边界和特征拓扑建模方面,可以某种程度上代表未来 HSI 分类研究在方法学领域的发展方向。与此同时,不容忽视的是,GAT 也存在诸多缺点,比如大规模图上计算速度慢,卷积层数增加会导致性能下降的问题。

本研究的主要结论包括:(1)尽管 GAT 对于计算机视觉任务能取得相较于 GCN 更优的分类精度,但是在本研究高光谱影像分类实验中,其分类精度稍劣于 GCN,而且需要约两倍的训练和预测时间。(2)现有的研究建议附加的数据去噪会有助于下游的高光谱影像处理和分析,对于高光谱影像数据增强和分类任务,原始数据上增加额外的噪声,可以减轻图学习模型过平滑的问题。(3)无论是 GCN 还是 GAT 模型,对于简单地增加处理层的个数,都面临精度下降的问题,增加样本复杂性或借助残差学习是一个解决途径,某种意义上说明高光谱图块数据复杂性不足。(4)新增的高光谱数据集类别间可分离性较差,仍然可以获得较好的分类性能。说明类别可分离性可能不是一个关键的问题,空间纹理和上下文信息或许某种程度上降低了光谱差异对于地表材质特性的敏感性。(5)基于 *t*-SNE 的特征学习包含大量的迭代计算,导致巨大的计算成本,所以我们采用 GPU 加速来获取特征数据,并将其保存到存储介质中,然后再次加载并重新采样,进一步有效地避免巨大的内存消耗导致远程云服务器没有响应。(6)实验发现,增加生成邻接矩阵的噪声水平,的确可以提高邻接矩阵的复杂性,但是对于采用高光谱数据立方体的图节点分类任务,某种程度上会造成最终分类性能的退化。

参 考 文 献

［1］ 白铂,刘玉婷,马驰骋,等. 图神经网络［J］. 中国科学(数学),2020(3)：18.

［2］ 白晓寅,任来义,贺永红,等. 高光谱遥感技术在油气勘探领域的应用:以鄂尔多斯盆地为例［J］. 遥感信息,2016：76-82,31(4).

［3］ 曹亚楠,魏合理,戴聪明,等. AIRS 红外高光谱卫星数据反演卷云光学厚度和云顶高度［J］. 光谱学与光谱分析,2015,35(5)：1208-1213.

［4］ 陈希闯. 基于深度学习的高光谱图像分类［D］. 西安:西安电子科技大学,2017.

［5］ 杜培军,夏俊士,薛朝辉,等. 高光谱遥感影像分类研究进展［J］. 遥感学报,2016,20(2)：236-256.

［6］ 高恒振. 高光谱遥感图像分类技术研究［D］. 长沙:国防科学技术大学,2011.

［7］ 高连如. 高光谱遥感目标探测中的信息增强与特征提取研究［D］. 北京:中国科学院研究生院,2007.

［8］ 耿修瑞. 高光谱遥感图像目标探测与分类技术研究［D］. 北京:中国科学院遥感应用研究所,2005.

［9］ 龚健雅. 人工智能时代测绘遥感技术的发展机遇与挑战［J］. 武汉大学学报(信息科学版),2018,43(12)：1788-1796.

［10］ 韩飞,程朋根,吴剑,等. 高光谱土地退化指数研究［J］. 东华理工大学学报(自然科学版),2008,31(1)：45-49.

［11］ 江昌禄,吴仁贵,彭啟辉,等. 基于 ASTER 数据的遥感蚀变信息提取:以内蒙古万合永火山盆地为例［J］. 东华理工大学学报(自然科学版),2014,37(3)：257-263.

［12］ 姜新猛. 基于 TensorFlow 的卷积神经网络的应用研究［D］. 武汉:华中师范大学,2017.

［13］ 康旭东. 高光谱遥感影像空谱特征提取与分类方法研究［D］. 长沙:湖南大学,2015.

［14］ 黎玲萍. 基于深度学习的遥感图像分类算法研究［D］. 北京:北京化工大学,2018.

［15］ 李德仁. 脑认知与空间认知:论空间大数据与人工智能的集成［J］. 武汉大学学报(信息科学版),2018,43(12)：1761-1767.

［16］ 李海涛,顾海燕,张兵,等. 基于 MNF 和 SVM 的高光谱遥感影像分类研究［J］. 遥感信息,2007(5)：12-15.

［17］ 刘经南,高柯夫. 智能时代测绘与位置服务领域的挑战与机遇［J］. 武汉大学学报(信息科学版),2017(11)：9-20.

［18］ 马鹏飞,陈良富,厉青,等. 红外高光谱资料 AIRS 反演晴空条件下大气氧化亚氮廓

线［J］. 光谱学与光谱分析,2015,35(6)：1690-1694.

［19］ 马帅,刘建伟,左信. 图神经网络综述［J］. 计算机研究与发展,2022,59(1)：47-80.

［20］ 马望,房磊,方国飞,等. 基于最大熵模型的神农架林区华山松大小蠹灾害遥感监测［J］. 生态学杂志,2016,35(8)：2122-2131.

［21］ 马晓瑞. 基于深度学习的高光谱影像分类方法研究［D］. 大连:大连理工大学,2017.

［22］ 宁津生. 测绘科学与技术转型升级发展战略研究［J］. 武汉大学学报(信息科学版),2019,44(1)：1-9.

［23］ 蒲生亮. 高光谱图像深度学习分类模型研究［D］. 武汉:武汉大学,2019.

［24］ 童庆禧,张兵,郑兰芬. 高光谱遥感:原理、技术与应用［M］. 北京:高等教育出版社,2006.

［25］ 童庆禧,张兵,郑兰芬. 高光谱遥感的多学科应用［M］. 北京:电子工业出版社,2006.

［26］ 童庆禧,郑兰芬,王晋年,等. 湿地植被成象光谱遥感研究［J］. 遥感学报,1997,1(1)：50-57.

［27］ 王凡. 基于深度学习的高光谱图像分类算法的研究［D］. 安徽:中国科学技术大学,2017.

［28］ 吴博,梁循,张树森,等. 图神经网络前沿进展与应用［J］. 计算机学报,2022(1)：35-68.

［29］ 徐敏. 基于深度卷积神经网络的高光谱图像分类［D］. 西安:西安电子科技大学,2017.

［30］ 徐清俊,叶发旺,张川,等. 基于高光谱技术的钻孔岩心蚀变信息研究:以新疆白杨河铀矿床为例［J］. 东华理工大学学报(自然科学版),2016,39(2)：184-190.

［31］ 张兵,陈正超,郑兰芬,等. 基于高光谱图像特征提取与凸面几何体投影变换的目标探测［J］. 红外与毫米波学报,2004,23(6)：441-445.

［32］ 张兵,高连如. 高光谱图像分类与目标探测［M］.北京:科学出版社,2011.

［33］ 张兵,申茜,李俊生,等. 太湖水体3种典型水质参数的高光谱遥感反演［J］.湖泊科学,2009,21(2)：182-192.

［34］ 张兵,孙旭. 高光谱图像混合像元分解［M］.北京:科学出版社,2015.

［35］ 张兵. 高光谱图像处理与信息提取前沿［J］. 遥感学报,2016,20(5)：1062-1090.

［36］ 张朝阳,程海峰,陈朝辉,等. 高光谱遥感的发展及其对军事装备的威胁［J］. 光电技术应用,2008,23(1)：10-12.

［37］ 张号逵,李映,姜晔楠. 深度学习在高光谱图像分类领域的研究现状与展望［J］. 自动化学报,2018,44(06)：3-19.

［38］ 张佳滨. 基于深度学习的多特征高光谱遥感图像分类研究［D］. 秦皇岛:燕山大学,

2017.

[39] 张文豪. 基于特征学习和深度学习的高光谱影像分类 [D]. 西安:西安电子科技大学,2018.

[40] 张祖勋,陶鹏杰. 谈大数据时代的"云控制"摄影测量 [J]. 测绘学报,2017,46(10): 1238-1248.

[41] 赵银娣,张良培,李平湘. 一种纹理特征融合分类算法 [J]. 武汉大学学报(信息科学版),2006,31(3):278-281.

[42] CHUTIA D, BHATTACHARYYA D K, SARMA K K, et al. Hyperspectral remote sensing classifications: a perspective survey [J]. Transactions in GIS, 2016, 20(4): 463-490.

[43] DEFFERRARD M I, BRESSON X, VANDERGHEYNST P. Convolutional neural networks on graphs with fast localized spectral filtering [J]. Adv. Neural Inf. Process. Syst, 2016, 29: 3844-3852.

[44] DENG F, PU S, CHEN X, et al. Hyperspectral image classification with capsule network using limited training samples [J]. Sensors, 2018, 18(9): 3153.

[45] DU Q D, ZHANG L Z, ZHANG B Z, et al. Foreword to the special issue on hyperspectral remote sensing: theory, methods, and applications [J]. IEEE Journal of Selected Topics in Applied Earth Observations&Remote Sensing, 2013, 6(2): 459-465.

[46] GAO L, LI J, KHODADADZADEH M, et al. Subspace-Based support vector machines for hyperspectral image classification [J]. IEEE Geoscience and Remote Sensing Letters, 2014, 12: 349-353.

[47] GAO L, YU H, ZHANG B. Locality - preserving sparse representation - based classification in hyperspectral imagery [J]. Remote Sensing of Environment, 2016, 10: 42-44.

[48] GAO L, ZHAO B, JIA X, et al. Optimized kernel minimum noise fraction transformation for hyperspectral image classification [J]. Remote Sensing of Environment, 2017, 9: 548-548.

[49] GOETZ A F H. Three decades of hyperspectral remote sensing of the earth: a personal view [J]. Remote Sensing of Environment, 2009, 113(S1): S5-S16.

[50] HAMILTON W L. Graph representation learning [J]. Synth. Lect. Artif. Intell. Mach. Learn, 2020, 14: 1-159.

[51] HONG D, GAO L, YAO J, et al. Graph convolutional networks for hyperspectral image classification [J]. IEEE Transactions on Geoscience and Remote Sensing, 2021,99:1-14.

[52] JIAO L, SUN W, YANG G, et al. A hierarchical classification framework of satellite multispectral/hyperspectral images for mapping coastal wetlands [J]. Remote Sensing, 2019, 11(19): 2238.

[53] LANDGREBE D. Hyperspectral image data analysis [J]. IEEE Signal Processing

Magazine, 2002, 19(1): 17-28.

[54] PHAM H, GUAN M Y, ZOPH B, et al. Efficient neural architecture search via parameter sharing [J]. arXiv, 2018: 1802. 03268.

[55] PLAZA A, BENEDIKTSSON J A, BOARDMAN J W, et al. Recent advances in techniques for hyperspectral image processing [J]. Remote Sensing of Environment, 2009, 113: S110-S122.

[56] PU S, GAO L, SONG Y, et al. Hyperspectral image classification with residual learning networks [C]// In Proc. SPIE 12065, AOPC 2021: Optical Sensing and Imaging Technology, 120651E, November 2021, 24.

[57] PU S, SONG Y, CHEN Y, et al. Hyperspectral image classification with localized spectral filtering-based graph attention network [C]// In ISPRS Annals of the Photogrammetry, Remote Sensing and Spatial Information Sciences, 2022, V-3-2022: 155-161.

[58] PU S, WU Y, SUN X, et al. Hyperspectral image classification with localized graph convolutional filtering [J]. Remote Sensing, 2021, 13(3):526.

[59] SABOUR S, FROSST N, HINTON G E. Dynamic routing between capsules [C]// Advances in Neural Information Processing Systems. 2017: 3856-3866.

[60] TONG Q X, XUE Y Q, ZHANG L F. Progress in hyperspectral remote sensing science and technology in china over the past three decades [J]. IEEE Journal of Selected Topics in Applied Earth Observations and Remote Sensing, 2014, 7(1): 70-91.

[61] TONG X, XIE H, WENG Q. Urban land cover classification with airborne hyperspectral data: What features to use? [J]. IEEE Journal of Selected Topics in Applied Earth Observations&Remote Sensing, 2014, 7(10): 3998-4009.

[62] ZHANG B, LI S S, JIA X P, et al. Adaptive markov random field approach for classification of hyperspectral imagery [J]. IEEE Geoscience and Remote Sensing Letters, 2011, 8(5): 973-977.

[63] ZHANG L, DU B. Recent advances in hyperspectral image processing [J]. Geo-spatial Information Science, 2012, 15(3): 143-156.